연안 생태계의 토박이 물고기

 **지은이** 최윤

1959년 전라북도 군산에서 태어났습니다. 전북대학교와 전북대학교 대학원을 졸업하고(이학박사) 일본 홋카이도대학에서 연구원으로 활동하였습니다. 현재 군산대학교 해양생물공학과 교수로 재직하고 있으며, 한국어류학회 수석 부회장도 함께 맡고 있습니다.

주요 저서로는 『상어(지성사, 1999)』, 『한국의 바닷물고기(교학사, 2002)』, 『열려라! 물고기나라(지성사, 2003)』, 『한국어류대도감(교학사, 2005)』, 『식용 바닷물고기(교학사, 2007)』, 『뛰는 물고기 기는 물고기(풍등출판사, 2010)』, 『이야기 물고기 도감(교학사, 2011)』 등이 있습니다.

연안 생태계의 토박이 물고기

망둑어

<< 최윤 지음

지성사

● 머리말

볼수록 신비로운 자연

'숭어가 뛰니 망둥이도 뛴다.', '장마다 망둥이 날까?', '꼬시래기 _{문절망둑} 제살 뜯기'와 같이 우리 주변에는 망둑어와 관련된 많은 속담들이 있습니다. 이는 물고기 가운데서도 망둑어가 예로부터 우리 생활과 친밀한 관계에 있었음을 의미하는 것이라고 할 수 있습니다. 그렇지만 세계적으로 2000여 종이 있고 우리나라에만도 60여 종이 있는 망둑어에 대해 잘 알고 있는 사람은 많지 않은 것 같습니다. 더욱이 우리 주변에서 흔히 볼 수 있고 식용으로도 이용되는 풀망둑과 문절망둑, 짱뚱어 외의 망둑어는 거의 관심 밖이고, 이들이 연안 생태계에서 차지하는 중요성과 가치에 대해서는 관련 분야를 전공하는 학자들 외에는 거의 알지 못하고 있습니다. 이렇다 보니 풀망둑과 문절망둑의 호칭으로 '망둥이' 또는 '문절이' 등의 방언이 주로 사용되고, 이 두 종을 제대로 구

분하거나 국명을 정확히 아는 사람들도 많지 않습니다. 어떤 물고기보다도 우리 곁에 가까이 있는 망둑어에 대해 우리는 모르는 것이 너무 많습니다.

    이 책에서는 우리의 생활과 밀접한 관계가 있는 망둑어의 특징에 대해 알아보고, 우리나라에 서식하는 망둑어는 어떤 종류가 있으며 이들이 어떤 역할을 하고 있는지, 나아가 망둑어를 통해 연안 생태계 보존의 중요성까지 알아보고자 하였습니다. 아울러 자라나는 어린 독자들이 비슷한 망둑어류를 구분하는 방법을 익히고, 또 어류를 분류하는 묘미도 터득함으로써 자연과학의 재미에 흠뻑 빠지는 계기가 되기를 바랍니다.

    20여 년 동안 신앙인과 학자의 길을 올바른 가르침으로 이끌어 주

　신 전북대학교 명예교수 김익수 은사님께 이 책을 드립니다. 끝으로 이 책을 내는 데 수고해 준 이원중 사장을 비롯한 지성사 식구들과 자료 정리에 도움을 준 군산대학교 해양생물공학과 어류학 실험실의 이흥헌, 장준호, 김제건, 조성근 군과 여러분께 감사의 뜻을 전합니다.

2011년 11월

최 윤

차례

머리말_ 볼수록 신비로운 자연 • 4

망둑어는 어떤 물고기인가?

1 망둑어는 어떤 물고기인가? • 12
2 헤엄이 서투른 물고기 • 16
3 줄타기의 명수 • 20
4 물고기가 물 밖에서 숨을 쉰다고? • 23
5 옆줄이 없는 물고기 • 30
6 망둑어는 무엇을 먹을까? • 32
7 망둑어가 사는 곳 • 36
8 망둑어의 서식처, 조수웅덩이 • 43
9 물고기의 삼투 조절 • 46
10 망둑어의 알 낳기 • 50
11 망둑어는 왜 몸이 작을까? • 52
12 배스의 공격으로부터 살아남은 물고기 • 55
13 망둑어의 사촌들 • 59
14 망둑어와 연안 생태계 • 62

2부 우리나라의 망둑어

왜풀망둑 • 68
문절망둑 • 69
흰발망둑 • 70
줄망둑 • 71
도화망둑 • 72
숨이망둑 • 73
무늬망둑 • 74
짱뚱어 • 75
점망둑 • 76
별망둑 • 77
쉬쉬망둑 • 78
실망둑 • 79
풀비늘망둑 • 80
날개망둑 • 81
날망둑 • 82
얼룩망둑 • 83
꾹저구 • 84
사자코망둑 • 85
비단망둑 • 86
사백어 • 87
미끈망둑 • 88
모치망둑 • 89
제주모치망둑 • 90
말뚝망둥어 • 91
큰볏말뚝망둥어 • 92
일곱동갈망둑 • 93
금줄망둑 • 94
다섯동갈망둑 • 95
흰줄망둑 • 96
밀어 • 97
갈문망둑 • 98
바닥문절 • 99
남방짱뚱어 • 100
풀망둑 • 101
아작망둑 • 102
민물두줄망둑 • 103
민물검정망둑 • 104
황줄망둑 • 105
검정망둑 • 106
두줄망둑 • 107
꼬마줄망둑 • 108
미기록 망둑어 • 109

3부 생활 속 망둑어

1 '망둑어'라는 이름의 유래 • 112
2 바보도 낚는 망둥이 • 114
3 효자고기 • 119
4 자산어보의 망둑어 • 123
5 해수욕장에 모래무지가 산다? • 126
6 바다의 미꾸라지 미끈망둑 • 130
7 음식으로 이용되는 망둑어 • 134
8 우리나라에서 발견된 신종 망둑어들 • 138
9 사라지는 망둑어의 고향 • 141
10 서귀포 바다에 나타난 낯선 망둑어 • 147

맺음말_ 쩨보 선장을 아시나요? • 151

부록 1 비슷한 망둑어과 어류의 구분 • 154
부록 2 한국산 망둑어과 어류 목록 • 157

참고 문헌 • 158

1부
망둑어는
어떤 물고기인가?

1
망둑어는
어떤 물고기인가?

'망둥이가 뛰니 꼴뚜기도 뛴다.', '장마다 망둥이 날까?', '바보도 낚는 망둥이' 등 우리는 주변에서 망둑어와 관련된 속담들을 쉽게 들을 수 있다. 속담에 나타난 바와 같이 망둑어는 고급스러운 물고기는 아니다. 하지만, 예로부터 우리 생활과 매우 가까운 관계에 있었던 물고기임은 분명해 보인다.

분류학적으로 농어목에 속하는 망둑어과 물고기는 3700~5400만 년 전의 에오세_{지질 시대의 신생대 제3기를 다섯으로 나눈 것 중 두 번째에 해당하는 시대} 지층에서 그 최초의 화석이 발견되었다. 4억 년 전에 나타난 것으로 알려진 상어나 약 6000만 년 전 어류의 전성시대로

망둑어의 한 종인 짱뚱어

알려진 데본기에 나타난 다른 어류들에 비해 비교적 늦게 모습을 드러낸 어종이다.

현재 세계적으로 2000여 종이 있는 것으로 알려진 망둑어과 물고기는 주로 연안에 살며, 전체의 10분의 1 정도인 200여 종은 민물에 서식한다. 서식 환경도 다양해서 수심 수백 미터의 깊은 바다에 사는 것도 있고, 하천의 기수역과 상류 지역, 호수, 내만의 진흙이나 모래 속, 동굴과 지하의 물속, 심지어 물 밖에서 생활하는 종도 있다. 단지 추운 극지방이나 육지에서 멀리 떨어진 바다에는 살지 않는다. 우리나라에도 60여 종의 망둑어가 연안과 하천에 서식하고 있다. 주로 썰물 때 드러나는 조수웅덩이에 살며, 펄 바닥이나 바위에 붙어 살거나 자갈, 모래 바닥에 사는 무리도 있다.

망둑어는 그 종류와 서식 환경에 따라 원통 모양, 뱀장어 모양, 좌우로 납작한 모양 등 몸의 형태가 다양하다. 망둑어과 물고기의 가장 큰 특징은 좌우 배지느러미가 맞붙어서 변형된 둥근 흡반을 이용하여 물체에 달라붙을 수 있다는 점인데, 그 덕분에 바닥에서 살아가는 데 잘 적응하였다. 망둑어는 대부분 바닥에서 생활하기 때문에 부레가 필요 없고, 또 물살이나 수압을 느끼는 감각 기관인 옆줄도 가지고 있지 않다. 다만 머리에 두부 감각관이라는 기관이 있어 옆줄이 하는 역할을 대신한다. 일부 종을 제외하고는 등지느러미가 제1등지느러미와 제2등지느러미로 분리되어 있다.

망둑어는 물고기 가운데 몸의 크기가 작은 무리로서 다 자란 어미의 몸길이가 2센티미터에 미치지 못하는 종도 있다. 이처럼 몸의 크기가 작고, 바닥에서 살기 때문에 빠르게 헤엄칠 수도 없고 또 멀리 이동할 수도 없다.

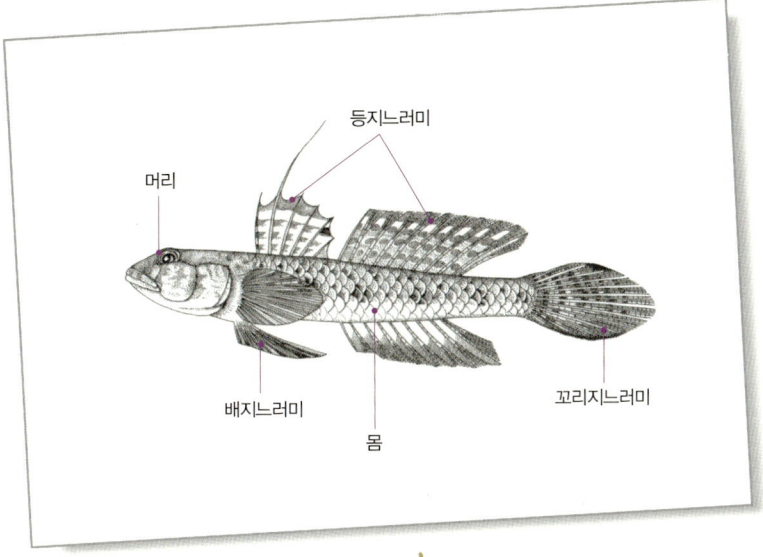

망둑어의 외부 형태 및 명칭(날개망둑)

　망둑어는 종 수가 많고 사는 곳에 따라 몸의 모양도 매우 다양하지만 다른 종과 구별되는 뚜렷한 특징이 있다. 망둑어의 머리는 위아래로 납작한 형태이며, 몸은 둥글고 뒤로 갈수록 좌우로 납작해진다. 등지느러미는 2개로 분리되었고, 꼬리지느러미 가장자리는 둥글거나 뾰족하다. 특히 좌우의 배지느러미가 붙어 이루어진 흡반은 모든 망둑어가 가지는 공통적인 특징이다.

2 헤엄이 서투른 물고기

보통 물고기의 배지느러미는 물속에서 헤엄을 칠 때 주로 몸의 균형을 유지하는 역할을 하는데, 좌우의 배지느러미가 붙어서 이루어진 흡반을 가진 망둑어는 이것을 이용하여 몸을 바닥에 붙인다. 물론 필요에 따라 헤엄을 치기도 하지만, 좌우로 갈라진 배지느러미를 가지고 있는 다른 물고기에 비해 헤엄치는 실력은 크게 뒤질 수밖에 없다. 게다가 대부분의 망둑어는 큰 머리와 원통형에 가까운 형태의 몸을 갖고 있어 물속에서 빠르게 전진하기 어렵다. 이처럼 망둑어는 헤엄을 치기보다는 바닥에서 생활하기에 적합한 몸 구조를 갖고 있다. 대양을 빠르게 헤엄치

풀망둑의 배지느러미

는 다랑어는 물의 저항을 최소화하는 방추형의 몸을 가지고 있고, 연안의 바위 주변에 사는 참돔이나 돌돔은 바위 사이를 매끄럽게 빠져나갈 수 있도록 납작한 몸을 가지고 있다. 망둑어는 주로 연안의 바닥과 조수웅덩이에서 살기 때문에 이곳에서 생활하기에 적합한 몸을 가지고 있는 것이다. 만일 망둑어의 몸이 돌돔처럼 납작한 모양이었다면 밀려오는 파도에 휩쓸려 살아남지 못했을 것이다.

망둑어는 몸이 작고 헤엄이 서투르기 때문에 연안 얕은 곳의 바닥에 주로 서식한다. 지역적으로는 일본과 중국, 그리고 동남아의 일부 해역에만 한정되어 분포하고, 심지어 우리나라에서만 볼 수 있는 종도 있다. 그런데 아시아에만 분포하던 문절망둑이 최근 미국의 캘리포니아와 호주의 시드니 연안에 출현하여 이 지역의 물고기들을 잡아먹음으로써 생태계를 교란시키는 일이 벌어졌다. 본래 그 지역에 살던 종이 아닌 문절망둑이 어떻게 그곳에 살게 되었을까? 캘리포니아와 시드니는 무역이 활발하게 이루어지는 곳으로, 우리나라를 비롯한 일본과 중국의 선박들의 출입이 잦다. 이들 선박은 화물이 없는 경우 빈 배로 항해를 해야 하는데, 화물선은 무게 중심이 위쪽에 있어 폭풍우에 취약하기 때문에 안전한 항해를 위해서는 이동하기 전 배 아래쪽에 물을 채워야 한다. 수천, 수만 톤의 선박에는 엄청난 양의 바닷물이 담기고, 바다 생물들도 물과 함께 옮겨지게 된다. 이렇게 옮겨진 생물은 새로운 환경에 적응하지 못하는 경우도 있지만, 일부는 적응하여 기존의 생태계에 영향을 미치면서 살아가기도 한다. 동북아시아에 분포하던 문절망둑은 이러한 경로를 통해서 시드니와 캘리포니아로 이주하여 살게 된 것이다.

무늬망둑의 배지느러미

큰 지느러미를 가진 어렝놀래기

★ 물고기의 지느러미

육상에서 생활하는 동물들이 다리를 가진 것과 마찬가지로 물속에서 생활하는 물고기는 육상 동물의 다리와 같은 역할을 하는 지느러미를 가지고 있다. 아가미와 함께 물속 생활에서 반드시 필요한 것이 지느러미이다. 지느러미는 좌우 1쌍으로 된 가슴지느러미와 배지느러미, 그리고 몸에 수직을 이루며 1개로 된 등지느러미와 뒷지느러미 및 꼬리지느러미로 구분된다. 가슴지느러미는 몸이 옆으로 흔들리지 않도록 하고, 앞으로 나가는 것을 멈출 때는 넓게 펴서 브레이크 역할을 한다. 보통 물고기의 배지느러미는 가슴지느러미와 같은 역할을 하지만, 망둑어의 배지느러미는 몸을 바닥에 고정시키는 데 쓰인다. 등지느러미와 뒷지느러미는 몸을 세워서 균형을 유지하도록 하고, 꼬리지느러미는 앞으로 나아갈 때 추진력을 내는 데 이용한다.

3 줄타기의 명수

비록 헤엄치는 실력은 보잘것없을지라도 망둑어는 다른 물고기들이 갖지 못한 재주를 가지고 있다. 그 재주란 바로 바닷속 바위는 물론이고 해조류의 줄기나 가느다란 줄 위에도 흔들림 없이 편안한 자세로 붙어 있을 수 있다는 것이다. 이는 망둑어에게서만 볼 수 있는 자세이며, 흡반으로 변형된 배지느러미가 있기에 가능한 일이다. 줄이나 해조류에 몸을 붙이고 있으면 헤엄치고 있을 때보다 포식자의 눈에 뜨일 염려도 줄어든다. 망둑어는 동작이 느리다는 신체적 불리함을 보완할 수 있는 다른 능력을 터득한 것이다.

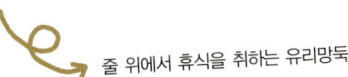
줄 위에서 휴식을 취하는 유리망둑

꼼치와 꼼치의 흡반

✱ 흡반을 가진 물고기들

배지느러미가 흡반으로 변형된 물고기는 망둑어 외에도 꼼치과와 도치과의 물고기가 있다. 꼼치는 물메기, 아가씨물메기, 미거지와 함께 꼼치과에 속하는 물고기로 겨울철 물메기탕의 재료로 잘 알려져 있다. 도치과 물고기는 도치를 포함하여 뚝지와 우릉성치가 있다. 이 가운데 뚝지는 강원도 지방에서 멍텅구리, 뚝저구, 싱어 등의 방언으로 불리며 음식으로 이용된다.

이 물고기들은 흡반이 있기는 하지만 분류학적으로 쏨뱅이목에 포함되는 물고기들로서 농어목에 포함되는 망둑어와는 관계가 멀다. 즉 배지느러미가 유합되어 흡반을 형성했다는 것 외에는 생활 습성이나 서식지, 기타 몸의 형태적 특징에 있어서 망둑어와 크게 다른 물고기들이다. 흡반도 망둑어과는 지느러미줄기와 막으로 이루어져 보통 지느러미와 형태적으로 비슷하지만 꼼치의 흡반은 육질로 되어 있어 근본적으로 지느러미와는 다른 모습이다.

4 물고기가 물 밖에서 숨을 쉰다고?

　일반적으로 물고기라고 하면 육상 동물과 달리 물속에서 아가미를 통해 호흡하는 모습이나 지느러미를 이용하여 자유롭게 헤엄치는 모습을 생각한다. 그렇지만 모든 물고기들이 이러한 조건을 완벽하게 갖춘 것은 아니다. 어떤 물고기는 지느러미가 퇴화되어 헤엄치는 것보다는 바닥을 기어 다니는 데 익숙하고, 또 물속에서 호흡하기보다는 공기 중에 머리를 내어 놓고 호흡하는 녀석들도 있다. 그 대표적인 물고기가 말뚝망둥어이다. 말뚝망둥어는 습기가 있는 흙에서는 1주일 가까이 살 수 있지만, 물속에 넣어 놓으면 10시간도 버티지 못하고 죽고 만다.

말뚝망둥어는 갯벌이 잘 발달된 간석지에 서식한다. 밀물 때는 바닥의 구멍 속에서 지내거나 밀물에 잠기는 것을 피하기 위하여 바닷가의 바위나 말뚝 등의 구조물 위에 올라가 앉아 있기도 한다. 다 자란 어미는 몸길이가 약 10센티미터 정도이며, 일부 지역에서 식용하기도 하지만 식용 가치는 크지 않은 물고기이다. 말뚝망둥어의 영어 이름은 'mudskipper'인데, 이는 펄 위를 뛰어다니는 물고기라는 의미이다. 유연한 꼬리지느러미를 이용하여 갯벌 위를 용수철처럼 뛰어다니며, 평소에는 잘 발달된 근육질의 가슴지느러미를 다리처럼 사용하며 기어 다닌다.

10여 년 전 연구를 위해 전라북도 군산시 내초도에서 말뚝망둥어를 채집하여 아파트 베란다에 놓아둔 적이 있었다. 다음날 아침, 학교 연구실로 가져가기 위해 통 안을 들여다보니 몇 마리가 통의 열린 틈을 통해 달아나 버려 보이지 않았다. 달아나 봤자 베란다 외에 갈 곳이 없었기 때문에 쉽게 찾아내 모두 잡아서 연구실로 옮겨 놓았는데, 저녁에 돌아와 보니 다 잡은 줄 알았던 말뚝망둥어 한 마리가 베란다 바닥을 기어 다니고 있었다. 구석을 기어 다닌 탓으로 온몸이 먼지로 가득 덮여 있었지만 죽지 않고 살아 있었던 것이다. 대부분의 물고기들은 아가미를 통해서 물속에 녹아 있는 산소를 받아들여 호흡하지만, 말뚝망둥

 말뚝망둥어

어는 입안에 실핏줄이 잘 발달되어 공기 속 산소를 직접 받아들일 수 있고, 눈이 머리 위로 볼록하게 돌출되어 공기 중에서 사물을 보는 데 적합하다. 따라서 물 밖에서도 오래 살 수 있으며, 오히려 물속보다도 공기 중에서 호흡하는 것이 편하다. 그래서 밀물 때 머리를 물 밖으로 내놓고 있거나, 밀물을 따라 바닷가로 밀려 나오는 말뚝망둥어의 모습을 흔히 볼 수 있다. 말뚝망둥어는 수분이 적은 간석지에 잘 적응해 서식 범위가 넓은 편이다. 따라서 물기가 거의 없는 간석지에서도 곤충을 잡아먹으며 뛰어다니는 말뚝망둥어의 모습을 쉽게 볼 수 있다.

말뚝망둥어와 비슷한 망둑어과 어류로 사촌 격인 짱뚱어가 있다. 말뚝망둥어가 뛰는 물고기라면 짱뚱어는 기는 물고기라고 표현하는 것이 적절할 것이다. 짱뚱어는 말뚝망둥어와 마찬가지로 물과 육지에서 생활하는 물고기인데, 물 밖에 나와 있을 때는 입속에 물을 머금고 아가미나 구강 내의 점막, 피부 등으로 호흡을 한다. 말뚝망둥어와 달리 건강식품으로 인기 있어 주로 탕으로 이용되며, 어미의 몸길이도 20센티미터에 달한다. 말뚝망둥어에 비해 환경 변화에 민감하고, 물이 고여 있는 웅덩이나 습기가 많은 갯벌에서 주로 생활한다. 또 이동하지 않고 한 장소에서 정착 생활을 하기 때문에 연안 환경오염의 지표종으로 이용되는

뛰어오르는 짱뚱어

물고기이다. 즉 짱뚱어가 사라졌다는 것은 그 지역의 갯벌이 오염되었다는 것을 의미한다. 짱뚱어의 학명은 '*Boleophthalmus pectinirostris*'이며, 영어 이름은 'luespotted mud hopper' 또는 'blue spotted mud hopper'로 몸에 푸른 점을 가진 말뚝망둥어라는 뜻이다. 짱뚱어라는 이름은 이 물고기가 주로 분포하는 서남 해안 지방에서 '잠둥어'라고 부른 데서 유래했다고 알려져 있는데, 10월부터 이듬해 4월까지 펄에 구멍을 파고 겨울잠을 자는 습성 때문에 그렇게 불린 것으로 추측된다. 역시 말뚝망둥어와 마찬가지로 펄 위를 기어 다니면서 살고, 두 눈이 머리 위쪽에 위치하여 멀리 볼 수 있으며, 시력도 좋아서 약 30미터 떨어진

곳에 있는 물체의 움직임도 감지할 수 있다. 짱뚱어는 아가미 호흡 외에 피부 호흡도 한다. 공기 중에서 아가미 호흡이 가능한 것은 다른 물고기에 비해 아가미구멍이 아주 작아서 이곳을 통해 빠져나가는 수분의 증발을 최소화 할 수 있기 때문이다.

말뚝망둥어와 짱뚱어는 머리 위쪽으로 돌출된 눈이 있어 새와 같이 자신을 노리는 적을 재빨리 발견하고 몸을 피할 수 있다. 갯벌 위에서 이들 물고기를 맨손으로 잡는 것이 쉽지 않은 것도 사람이 접근하면 멀리서부터 알아차리고 구멍 속으로 재빨리 숨어 버리기 때문이다. 이처럼 짱뚱어에게 접근하는 일이 쉽지 않기 때문에 잡으려 할 때는 가까이 접근하지 않고도 잡을 수 있는 훌치기낚시를 이용한다. 훌치기낚시는 긴 낚싯대에 삼발이 모양의 낚시 바늘을 달아서 멀리서 던진 후, 줄을 당겨 바닥에 나와 있는 짱뚱어를 훑듯이 낚는 방법이다. 짱뚱어들이 갯벌 위에 높은 밀도로 흩어져 생활하기 때문에 가능한 방법이며, 대개 몸통이 낚시에 걸려 나오게 된다. 말뚝망둥어에 비해 경계심이 많아서 한번 놀라 구멍 속으로 들어가면 좀처럼 밖으로 모습을 드러내지 않는다.

짱뚱어 훑치기낚시(전남 순천)

☆ 훑치기낚시

보통 낚시와 달리 미끼를 쓰지 않고 닻과 같이 생긴 바늘을 낚싯줄에 매달아서 바닥을 훑듯이 고기를 낚는 방법이다. 북한에서는 "강도낚시"로 불릴 만큼 무작위로 물고기를 낚기 때문에 숭어와 은어 등 무리를 지어 다니는 어종을 낚는 데 주로 이용된다. 펄 바닥에 높은 밀도로 서식하지만 경계심이 많아서 사람이 접근하면 구멍 속으로 도망쳐 버리는 짱뚱어를 낚는 데도 이 방법이 유용하다.

5 옆줄이 없는 물고기

　물고기의 대표적인 감각 기관은 옆줄이다. 옆줄을 이용하여 물의 흐름을 알아내거나 물의 압력을 통해 장애물을 피해 나가기 때문에 옆줄은 물고기에게 없어서는 안 되는 중요한 기관이다. 그런데 망둑어는 옆줄이 없다. 바닥에서 생활하며 헤엄치는 일이 적기 때문에 헤엄쳐 다니는 다른 물고기에 비해 옆줄의 필요성이 덜하다고 하더라도, 옆줄이 아예 없다는 것은 수중 생활을 하는 데 불편할 것이다.
　그러나 망둑어가 다른 물고기들에게 없는 흡반을 갖고 있는 것과 마찬가지로 옆줄이 없는 대신 이와 같은 역할을 하는 두부

망둑어의 두부 감각공

감각공을 가지고 있다. 깊은 물속이 아닌 연안의 얕은 웅덩이일지라도 역시 물속에서 살아야 하기 때문이다. 망둑어의 머리 부분에 작은 구멍들로 이루어진 두부 감각공을 통해 물의 흐름과 압력이 뇌 신경으로 전달된다. 두부 감각공은 망둑어의 종류마다 모양과 그 수가 달라서 망둑어과의 물고기를 구분하는 데 중요한 특징으로 이용된다.

6 망둑어는 무엇을 먹을까?

　물고기는 먹이의 종류에 따라 동물을 먹는 육식성과 식물을 먹는 초식성, 그리고 동식물을 다 먹는 잡식성으로 구분한다. 망둑어는 드물게 잡식성과 초식성도 있으나 대부분 육식성이다. 작은 망둑어류는 동물플랑크톤을 먹고, 풀망둑과 같이 큰 종류의 망둑어는 연안의 얕은 갯벌에 주로 서식하는 게를 비롯하여 새우류, 갯지렁이와 어린 조개류 그리고 흰베도라치 등의 작은 물고기를 먹는다. 망둑어는 대부분 몸길이 20센티미터 미만의 작은 물고기이지만, 풀망둑은 우리나라 망둑어과 어류 중 가장 큰 종으로 50센티미터까지 자란다. 봄철에 얕은 연안에서 부화하여 만 1년이면 30센티미터 이상으로 자라 어미가 되고, 3월에서 5월 사이에 8500~50000개의 알을 낳은 후 죽는다. 망둑어 가운데서는 비교적 많은 수의 알을 낳고, 펄로 이루어진 조간대에 높은 밀도로 분포하기 때문에 연안 생태계에서 중요한 역할을 담당하는 물고기이다. 갯벌이 매립되거나 오염되면 이곳에서 갯지렁이와 게 등의 무척추동물을 먹고 사는 망둑어들이 가장 먼저 영향을 받고, 이어서 작은 망둑어를 먹으며 자라는 농어와 연안을 회유하는 참조기, 보구치 등 자원 가치가 높은 물고기들도 함께 감소하게 된다. 이처럼 갯벌에서 이루어지는 생물 생산력은 연근해 수산 자원의 근원이 되기 때문에 갯벌을 잘 보존해야 할 필요가 있는 것이다.

말뚝망둥어와 짱뚱어는 물이 빠지고 나면 갯벌 위의 먹이를 먹으며 생활한다. 말뚝망둥어는 갯벌의 갑각류와 갯지렁이는 물론 물 위를 낮게 날아다니는 곤충도 잡아먹는다. 반면 짱뚱어는 망둑어과 어류 가운데 드물게 규조류를 주로 먹는 독특한 식성을 가지고 있다. 가늘고 날카로운 이빨로 펄 위에 생기는 규조류를 갉아 먹기 때문에 진흙 위에 잇자국을 남기기도 한다. 갯벌 주변의 매립 공사와 제방 축조 등으로 발생하는 흙먼지가 갯벌에 퇴적되면 규조류에 영향을 미치게 되고, 규조류를 먹고 사는

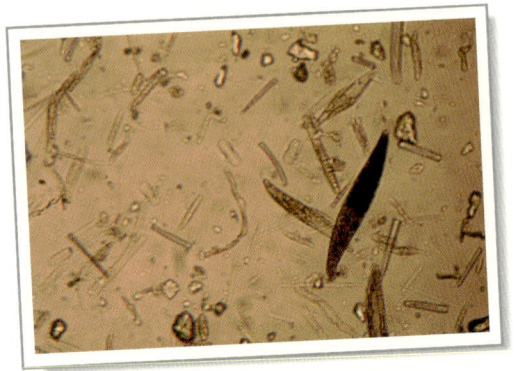
짱뚱어의 위 내용물(100배 확대) _다른 망둑어류와 달리 짱뚱어의 위 속에는 규조류가 대부분이다.

짱뚱어의 서식에도 영향을 미친다. 그래서 갯벌이 오염되기 시작하면 망둑어과 어류 가운데 짱뚱어가 가장 먼저 자취를 감추게 된다.

연안에서 이루어지는 매립 공사는 게와 새우, 갯지렁이 등의 서식에 영향을 미치고, 이어서 풀망둑의 먹이 공급을 차단하게 되며, 어린 풀망둑을 먹이로 하는 연근해 전체 어종의 먹이 사슬을 파괴하는 결과를 가져온다.

관찰을 위해 시약으로 물들인 검정망둑의 이빨(100배 확대)

✱검정망둑의 이빨 (삼첨두)

망둑어는 주로 육식성으로 이빨이 비교적 잘 발달되어 있다. 특히 검정망둑은 하천의 하류에 서식하면서 살아 있는 곤충과 작은 물고기를 잡아먹기 때문에 망둑어과 물고기 가운데서도 잘 발달된 독특한 모양의 이빨을 가지고 있다. 검정망둑의 이빨처럼 플라타너스 잎 모양으로 끝이 세 갈래로 갈라진 것을 '삼첨두'라고 한다. 삼첨두형 이빨은 대표적인 육식성 어류인 상어에게서도 볼 수 있다.

7
망둑어가 사는 곳

　세계적으로 약 2000종이나 되는 망둑어는 사는 곳도 매우 다양하다. 민물의 하천과 호수뿐만 아니라 연안과 기수역汽水域, 강물이 바다로 들어가 바닷물과 서로 섞이는 곳 등 물이 있는 거의 모든 곳에 분포한다. 특히 풀망둑을 비롯한 일부 망둑어는 주로 바다의 연안에 살지만 담수에도 적응하여 강 하구에서도 쉽게 볼 수 있다.
　뱀장어와 연어 등 몇몇 종 외에는 민물고기가 바다에 들어가거나 바닷물고기가 민물에 들어가면 체액과 바닷물의 염분 농도 차에 따른 삼투압 때문에 생존이 불가능하다. 반면 풀망둑은 광범위한 염분에 적응하여 살 수 있는데, 이러한 물고기를 광염성

어류라고 한다.

망둑어는 바닥의 저질低質 환경에 따라서 서식하는 종류도 다르다. 해변의 모래 바닥에는 주로 날개망둑이 살고, 바위와 돌 틈에는 별망둑과 점망둑이 우점종이다. 연안의 조수웅덩이에는 풀망둑과 문절망둑, 왜풀망둑이 서식하며, 물이 빠지면 드러나는 갯벌 바닥 위에는 짱뚱어, 말뚝망둥어가 서식한다. 갯벌에 형성되는 조수웅덩이는 어린 풀망둑을 비롯하여 두줄망둑, 흰발망둑, 얼룩망둑 등이 다른 무척추동물과 어우러져 살아가는 중요한 생활 터전이다. 하천과 민물에서도 망둑어를 볼 수 있는데, 그 대표적인 종은 밀어와 갈문망둑, 그리고 민물검정망둑이다. 이처럼 서식 조건에 따라 그곳에 사는 망둑어의 종류도 각기 다르다.

망둑어의 몸은 바닥에 붙어 살기에 적합한 구조이며, 이 때문에 유영 능력이 떨어진다. 따라서 깊은 바다보다는 연안의 얕은 곳이나 간석지와 해변에 형성된 조수웅덩이가 망둑어의 주요 서식처가 된다. 간석지와 조수웅덩이는 주기적으로 조수 현상이 나타나고, 이러한 현상은 일정한 간격으로 반복되면서 장구한 세월 동안 지속되어 왔다. 또 조수로 인해 간석지에는 다음과 같은 물리·화학적 작용이 일어나는데, 이곳에 사는 망둑어는 이러한 변화무쌍한 환경에 적응해야만 한다.

첫째, 썰물 때는 바닥이 공기 중에 노출되어 온도가 급격히 올라가거나 내려간다. 수온은 생물의 생존에 필수적인 조건이며, 변화의 폭이 크면 쇼크와 건조 현상으로 생존에 큰 영향을 미친다. 따라서 이곳에 사는 망둑어는 다른 물고기에 비해 수온 변화에 대한 적응 범위가 크다.

둘째, 조수로 인한 파도의 영향을 받는다. 조수는 매일 반복되며, 강할 때는 물리적인 자극으로 인해 연한 조직을 가진 생물의 피부가 손상되기도 한다. 폭풍우를 동반한 큰 파도가 밀려올 때는 파도에 섞인 모래들이 연한 피부를 가진 해변의 생물들에게 피해를 줄 수 있다. 망둑어는 미끈미끈한 몸을 모래와 펄 속에 묻어 밀려오는 파도를 피할 수 있고, 배지느러미로 몸을 바닥에 부착시켜 조류에 밀려가지 않도록 지탱할 수 있다. 때로는 땅을 파고 갱도 속으로 들어가 생활하기도 한다. 밀물 때 부서지는 파도는 만조선의 위쪽까지 생물의 서식처를 확장시키기도 한다. 때문에 바닷물이 닿는 위쪽까지 따개비 등의 생물이 서식하고, 말뚝망둥어들이 뛰노는 모습도 볼 수 있다.

셋째, 염도의 변화가 크다. 간석지는 썰물 때 큰 비가 오면 육상에서 흘러온 빗물로 인해 순간적인 담수화가 이루어진다.

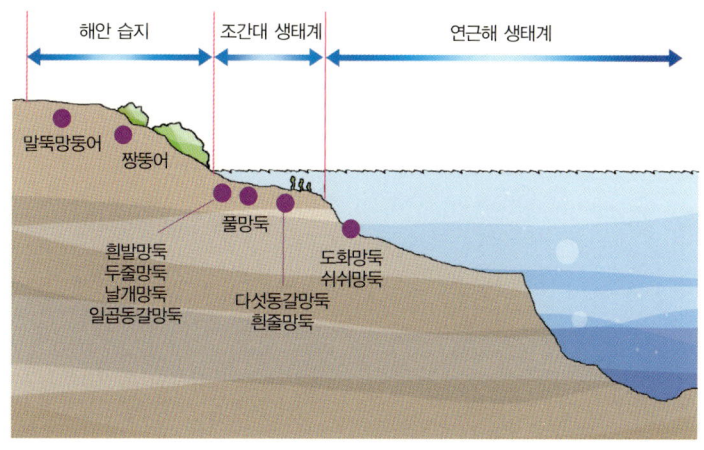

연안에 서식하는 망둑어의 수심에 따른 서식 단면도

 망둑어는 이러한 염분 변화에 잘 적응하였으며, 특히 풀망둑은 기수는 물론 담수에서도 오랜 시간 살 수 있는 물고기이다.

 넷째, 조수는 바위와 모래, 펄 등 균일하지 않은 바닥을 만드는 원인이 되며, 이 때문에 연안의 각 장소마다 서식하는 생물 집단이 서로 다르게 나타난다. 예를 들어 바위와 자갈 사이에는 별망둑과 점망둑, 모래 바닥에는 날개망둑, 펄에는 풀망둑과 얼룩망둑이 각각의 서식처에 적응하여 살고 있다. 해안 습지에는 말뚝망둥어와 짱뚱어가 서식하고, 조간대와 조간대 바로 아래의 수심이 낮은 연안에는 가장 많은 망둑어류가 서식한다.

날개망둑(왼쪽)과 흰발망둑(오른쪽)

✱ 망둑어의 미세 서식처

① 하천과 호수의 자갈 : 밀어, 갈문망둑, 민물검정망둑
② 연안과 기수역의 펄 바닥과 조수웅덩이 : 풀망둑, 문절망둑, 모치망둑, 황줄망둑, 왜풀망둑, 얼룩망둑
③ 조간대의 펄 바닥 : 짱뚱어, 남방짱뚱어, 말뚝망둥어, 큰볏말뚝망둥어
④ 조간대의 펄 또는 바위의 조수웅덩이 : 두줄망둑
⑤ 해변의 자갈 아래 : 미끈망둑
⑥ 해변의 모래 바닥 : 날개망둑
⑦ 모래가 섞인 펄 바닥 : 흰발망둑
⑧ 해변의 바위 및 자갈 : 별망둑, 점망둑, 무늬망둑
⑨ 연안의 수심 10m 이내의 바위와 수초 주변 : 흰줄망둑, 일곱동갈망둑, 다섯동갈망둑, 풀비늘망둑
⑩ 연안의 수심 10m 미만의 모래 바닥 : 사자코망둑, 비단망둑
⑪ 연근해 수심 30m 이내의 펄, 모래 바닥 : 도화망둑, 쉬쉬망둑, 줄망둑

별망둑(왼쪽)과 별망둑의 서식처인 해변의 바위 웅덩이(오른쪽)

✱ 가우스의 원리

연안의 조수웅덩이에는 많은 종류의 망둑어들이 서식하고 있다. 그런데 망둑어의 서식처를 자세히 살펴보면 형태적 특징은 물론 먹이, 습성 등 생태적으로 유사한 망둑어들이 서식처를 서로 달리하는 것을 볼 수 있다. 예를 들어 날개망둑과 흰발망둑은 서로 인접한 장소에 서식하고 있음에도 날개망둑은 바닥이 모래인 곳에서 주로 살고, 흰발망둑은 모래 바닥에 펄이 약간 섞인 곳에서 산다. 이처럼 반경이 불과 10미터 이내인 장소에서도 두 집단이 서식처를 달리하고 있는 모습을 볼 수 있다.

위와 같이 생태적 지위가 동일한 두 종이 서식처를 달리하는 것을 '가우스의 원리' 또는 '경쟁 배타의 원리'라고 한다. 먹이가 한정되어 있는 장소에서 생태적으로 비슷한 종들이 먹이 경쟁을 피하며 살아가기 위해 터득한 생존 전략인 셈이다.

염분에 따른 주요 망둑어류의 분포

42 망둑어

8
망둑어의 서식처,
조수웅덩이

바다와 육지가 이어지는 해안가는 밀물과 썰물의 영향을 주기적으로 받는 지역이다. 이처럼 밀물 때는 물에 잠기고 썰물 때는 바닥을 드러내는 지역을 '조간대潮間帶, Intertidal zone'라고 하며, 이곳에 형성된 웅덩이를 '조수웅덩이Intertidal pool'라고 한다. 시기에 따라 시시각각 변하는 조간대의 넓이는 몇 가지 요인에 의해 정해진다.

조간대는 달의 인력과 지구의 원심력이 서로 작용하면서 생기는데, 이로 인해 해수면이 규칙적으로 오르내리는 것을 조차라고 한다. 지구와 태양, 달이 일직선에 놓이는 보름과 그믐 직

별망둑과 서식처를 함께하는 둑중개과의 무늬횟대(왼쪽)와 고려실횟대(오른쪽)

후에는 조차가 큰 사리^{대조}가 나타나고, 반대로 태양과 달이 지구에 대해 직각으로 놓인 직후에는 조차가 적은 조금^{소조}이 나타난다. 따라서 물이 많이 빠지는 사리 때는 더 넓은 조간대가 드러나게 된다. 해안선의 지역적인 형태는 조차 폭에 큰 영향을 미친다. 즉 해안의 경사가 급한 곳과 경사가 완만한 곳을 비교할 때 조간대의 범위는 큰 차이가 있다. 이러한 조석 작용은 조간대의 생물 분포에 중요한 영향을 미치게 된다. 조차가 큰 서해안은 만조와 간조가 대체로 12시간 25분 간격으로 하루에 2회 일어난다. 동해안은 조차가 30센티미터에 불과하고, 남해안은 1.2미터 정도이다. 이에 비해 서해안은 조차가 6미터 이상에 달하며, 전

갯벌(왼쪽)과 바위 해변의 조수웅덩이(오른쪽)

세계를 통틀어 매우 큰 편에 속하는 대조차 환경을 가진 곳으로 간석지가 잘 발달되어 있다. 이 때문에 서해안에는 동해안에 비해 훨씬 다양한 종류의 망둑어들이 서식하고 있다.

조간대는 밀물 때와 썰물 때 각각 다른 환경을 접하기 때문에 물리·화학적인 환경 변화가 심하고, 이러한 환경에 적응한 생물들이 서식한다. 망둑어 또한 조간대에 적응하여 살아가는 생물의 한 분류군이다. 특히 바위 지역에 형성된 조수웅덩이에는 별망둑과 점망둑 등 망둑어과 어류들 외에도 베도라치류와 둑중개과의 무늬횟대, 실횟대 등 망둑어와 생태적으로 비슷한 저서 어류^{바다나 하천 등의 밑바닥에 사는 어류}들이 주로 서식한다.

9 물고기의 삼투 조절

뱀장어와 연어는 아가미에 염분을 배설하는 염류 세포를 가지고 있는 등 주변 환경의 염분 변화에 적응할 수 있는 생태적 능력이 있어서 바다와 하천을 이동할 수 있다. 또 바다에 살지만 염분 변화에 광범위하게 적응하여 강의 중류까지 거슬러 오르는 물고기도 있고, 민물고기라 할지라도 어느 정도 염분에 적응하는 능력을 가지고 기수에서도 생활할 수 있는 2차 담수어가 있다. 그러나 1차 담수어인 순수한 민물고기는 민물에서만 서식이 가능하고, 반대로 대부분의 바닷물고기는 민물에서 살 수 없다. 이것은 물고기 체내와 체외의 주변 환경 사이에서 일어나는 삼투압 때문이다. 즉 민물고기의 체액은 주변 환경(민물)보다 염분 농도가 높고, 반대로 바닷물고기는 바닷물보다 체액의 농도가 낮다. 따라서 바닷물고기든 민물고기든 체내의 체액과 주변 환경의 염분 농도 차이 때문에 발생하는 삼투압을 조절하는 능력이 필요하다.

물고기들은 어떻게 삼투압 문제를 해결할 수 있을까? 먼저 담수어는 체외의 민물보다 체액의 농도가 높기 때문에 아가미를 통해서 수분을 지속적으로 유입한다. 물속의 염류를 받아들여 체내의 염류 함유량을 유지하는 한편, 다량의 묽은 오줌을 배설하여 삼투압을 조절한다. 반대로 바닷물고기는 바닷물보다 낮은 농도의 체액을 가지고 있어서 수분이 아가미를 통해 몸 밖으로 빠져나가므로 생리적 탈수의 위험이 있다. 따라서 바닷물과 함께 입을 통해 들어온 염류의 대부분을 아가미를 통해 내보내는 한편 농도가 진한 소량의 오줌을 배설함으로써 삼투압을 조절한다. 물고기는 이러한 기능을 수행하기 위해 척추 아래에 잘 발달된 신장을 가지고 있다.

한편 홍어와 가오리는 몸속에 요소의 성분을 함유하고 있어서 체액과 바닷물의 농도가 비슷하기 때문에 특별한 삼투 조절 능력이 필요하지 않다. 연골어류가 죽으면 체내에 있는 요소는

물고기의 삼투 조절

박테리아에 의하여 분해되어 요산으로 변한다. 이 때문에 상어와 홍어, 가오리가 죽으면 곧바로 상한 것과 같은 독특한 냄새가 난다. 오히려 이 냄새는 미식가들의 입맛을 돋우는 역할을 하기 때문에 적당히 상한 홍어는 이른바 삭힌 홍어의 재료가 되어 식용으로 사랑받고 있는 것이다.

망둑어류는 밀어와 갈문망둑, 민물검정망둑과 같이 민물에 사는 종도 있으나 대부분은 바닷물고기이다. 생태적으로 깊은 바다보다는 연안의 내만과 조간대, 강 하구의 기수에 서식하는 종이 많아서 다른 바닷물고기에 비해 비교적 염분에 적응하는 범위가 넓다. 예를 들어 풀망둑과 문절망둑은 강 하구에서 쉽게 볼 수 있는 망둑어로 담수에서도 어느 정도 적응할 수 있으며, 모치망둑과 미끈망둑도 담수의 영향을 받아 염분 농도가 매우 낮은 곳에서도 서식한다. 그러나 쉬쉬망둑과 도화망둑은 민물의 영향이 미치지 않고 수심이 10미터 이상인 연근해에 서식한다.

10 망둑어의
알 낳기

사는 곳과 장소가 다양한 망둑어는 알을 낳는 장소와 방법에도 조금씩 차이가 있지만 대개 조개껍데기와 돌 밑, 게가 파 놓은 구멍, 또는 스스로 판 구멍에 알을 낳는다. 또 모래와 돌, 수초 등에 알을 붙여 놓아 부화시키기도 한다.

우리나라에서 망둑어라고 하면 흔히 풀망둑과 문절망둑을 말한다. 산란기가 되면 수컷은 조간대의 펄 바닥에 입구가 좁고 안쪽이 넓은 Y자 형의 구멍을 파고, 암컷을 유인하여 짝짓기를 한다. 알은 한가운데 오목한 부분에 낳고, 수컷은 알을 보호하는 행동을 보이기도 한다.

문절망둑의 산란실

　이처럼 굴을 파고 알을 낳는 무리와 달리 바위나 자갈 아래에 알을 낳는 망둑어도 있다. 두줄망둑과 검정망둑이 그 대표적인 예인데, 이들도 암컷이 돌 아래에 알을 낳으면 알이 부화될 때까지 수컷이 주변에서 알을 지키는 습성이 있다.

11 망둑어는 왜 몸이 작을까?

가장 큰 물고기는 상어류인 고래상어로 몸길이가 약 18미터에 달한다. 반면에 망둑어는 물고기 가운데 몸이 가장 작은 무리에 속한다. 필리핀 해역에 서식하는 것으로 알려진 망둑어 중에는 어미의 몸길이가 2센티미터에도 이르지 못하는 종이 있다. 우리나라 제주도에 서식하는 풀비늘망둑도 어미의 몸길이가 4센티미터에 불과하다. 우리나라에 사는 망둑어 중 가장 큰 풀망둑의 최대 몸길이도 약 50센티미터이다. 어미의 몸길이가 2미터 이상인 참치류와 새치류에 비하면 망둑어는 물고기의 세계에서 마치 피그미Pygmy, 주로 아프리카나 아시아에 사는 평균 신장 150센티미터 이하의 종족와도 같

 어미의 몸길이가 4센티미터에 불과한 풀비늘망둑

은 존재들이다.

그렇다면 망둑어는 왜 이처럼 작을까? 물고기 가운데는 잉어와 상어처럼 수십 년을 사는 물고기도 있으나 대개 5~10년 정도 사는데, 수명이 긴 물고기일수록 대체로 몸이 크다. 그러나 대부분의 망둑어는 수명이 1~2년에 머문다. 오래 사는 물고기들은 깊고 넓은 바다와 하천에서 여유롭게 먹이를 먹으며 생활할 수 있지만, 주로 간석지와 얕은 연안에 사는 망둑어는 열악한 환경을 극복해야만 한다. 변화무쌍하게 변하는 환경뿐만 아니라 공중을 나는 새들 또한 망둑어의 생존을 위협한다. 따라서 이들이 종을 번식시키고 지속적으로 생존하기 위해서는 부화 후 되도록 빨리 자라서 새끼를 낳아야 하므로 보통 부화한 지 1~2년이면 어미가 되는 것이다. 이처럼 어미가 되는 기간이 짧기 때문에 크게 자랄 수가 없다. 이것이 망둑어의 수명이 짧고 몸이 작은 까닭이며, 궁극적으로는 생육하고 번성하기 위한 망둑어의 생존 전략인 셈이다.

12
배스의 공격으로부터
살아남은 물고기

1963년 국내에 도입되어 최근에는 우리나라 하천과 호수의 무법자가 되어 버린 배스라는 물고기가 있다. 배스는 다른 외래 어종과 마찬가지로 양식을 위해 도입된 물고기로 생존력이 강하여 우리의 토종 물고기들을 해치고 생태계를 파괴함으로써 문제를 일으키고 있다. 이 물고기는 다른 물고기의 치어와 알을 닥치는 대로 먹어치우고, 하천과 호수에 서식하는 민물새우를 즐겨 먹는다. 민물새우는 하천의 유기물 잔재를 먹고 살기 때문에 수질을 정화시키는 역할을 한다. 그러나 배스가 하천의 청소부 역할을 하는 이 새우를 먹어치움으로써 단순히 생태계를 교란시킬

토종 물고기를 위협하는 배스

뿐만 아니라 하천과 호수의 수질을 오염시키는 원인도 제공하고 있다.

그렇다면 배스가 유입된 호수에서 최종적으로 살아남은 물고기는 어떤 종류일까? 일반적으로 헤엄치는 일이 능숙하지 못하여 재빨리 도망칠 수 없는 망둑어가 가장 먼저 잡아먹혀 빨리 사라질 것이라 생각하기 쉽지만 답은 정반대이다. 필자가 살고 있는 전라북도 군산에 은파호수라는 아름다운 호수가 있다. 1988년에 발간된 최기철 박사의 『전북의 자연』에는 이 호수에 각시붕어와 치리 등을 비롯한 우리의 토종 민물고기 19종이 산다고 기록되어 있다. 그 이후 필자가 확인한 밀어와 민물검정망둑을 합하면 이곳에는 모두 21종의 물고기가 살고 있었다. 그러

배스의 공격을 견디며
민물검정망둑이 살고 있는
전라북도 군산시의 은파호수

나 1990년대 후반, 이 호수에 배스가 들어온 후 대부분의 물고기가 자취를 감추었다. 그런데 2006년 족대와 투망, 그리고 유인어망을 이용하여 은파호수의 물고기를 채집한 결과 놀랍게도 배스 외에 망둑어과 물고기인 갈문망둑과 민물검정망둑이 잡혔다. 배스가 들어온 이후 이곳에 살던 대부분의 물고기가 배스의 공격을 견디지 못하고 사라져 버렸지만 뜻밖에도 망둑어과 물고기인 갈문망둑과 민물검정망둑은 최종적으로 살아남은 것이다.

망둑어류는 보통 수천 개의 알을 낳는다. 수백만 개에서 심지어 3억 개의 알을 낳는 개복치 등 다른 경골어류에 비하면 상대적으로 적은 수이다. 하지만 돌 밑이나 죽은 조개의 껍질 안쪽, 또는 바닥을 판 굴속에 알을 낳기 때문에 포식자들의 공격으로부터 비교적 안전하다. 또 바다에 붙이는 부착란이기 때문에 알을 수중에 띄우는 다른 물고기들에 비해 포식자에게 잡아먹히지 않고 부화에 성공하는 수가 많다. 어미로 자라는 과정에서도 바닥에 살기 때문에 돌이나 바닥의 구멍 속으로 피하기 쉬워 적으로부터 몸을 보호할 수 있다. 비록 헤엄은 서투르지만 바다에 사는 생태적 습성 덕분에 적으로부터의 공격을 극복할 수 있는 셈이다. 이러한 까닭에 망둑어는 비교적 적은 수의 알을 낳아도 자손을 잘 번식시킬 수 있으며, 은파호수에서도 배스의 공격으로부터 살아남을 수 있었다.

그렇다면 망둑어에게 적은 없는 것일까? 그렇지는 않다. 동물 세계의 어느 곳에서나 약육강식의 법칙은 존재한다. 망둑어 역시 예외는 아니어서 어미로 성장하는 과정에서 바다의 저층에 살고 있는 농어와 조기, 보구치 등의 큰 물고기나 자신보다 큰 종류의 망둑어에게 잡아먹히기도 한다. 따라서 연안에 서식하는 많은 종류의 망둑어들은 비록 직접적인 경제적 가치는 없을지라도 연안 생태계의 건강한 먹이 사슬을 유지해 주고, 다른 물고기의 먹이가 됨으로써 수산 자원을 풍족하게 하는 중요한 역할을 담당하고 있는 것이다.

13 망둑어의 사촌들

망둑어와 생김새가 비슷한 사촌 격의 물고기로는 동사리와 좀구굴치가 있다. 예전에는 학자들에 따라서 망둑어과와 이 물고기들을 한 무리로 묶기도 하였지만, 현재는 대부분 다른 과의 물고기로 분류하고 있다. 동사리와 좀구굴치는 생김새가 망둑어과 물고기와 비슷

동사리

좀구굴치

하고 살아가는 모습도 바닥에서 살면서 망둑어와 비슷한 생태적 습성을 가지고 있다. 그러나 망둑어의 가장 중요한 특징인 좌우 배지느러미의 기부가 유합되지 않고 분리되어 있어서 망둑어와는 다른 무리로 구분된다.

농어의 배지느러미

★배지느러미의 위치

배지느러미의 위치는 물고기의 종류에 따라 차이가 있다. 일반적으로 청어목 어류는 배지느러미가 배 쪽에 있고, 농어목 어류는 가슴에 있다. 농어목에 포함되는 망둑어과 어류의 배지느러미 역시 대개 가슴지느러미 안쪽에 있는데, 이 위치는 물속 바닥에서 무게 중심을 이용하여 몸의 균형을 유지하는 데 유리하다.

14
망둑어와 연안 생태계

 민물과 해양을 통틀어 망둑어가 가장 많이 살고 있는 곳은 바다와 육지가 만나는 조간대와 조간대에 인접한 수심이 얕은 연안이다. 이곳은 민물의 유입, 밀물과 썰물, 폭우뿐만 아니라 여름철 간조 때의 뙤약볕과 고온에 견디어야 하고, 겨울철의 엄동설한을 겪어야 한다. 이러한 극한 상황 때문에 이곳에 사는 생물 군집들은 특유의 습성과 생활형을 갖게 된다. 불리한 환경에서 살아남기 위해 갯벌에는 몸의 크기가 작고 생활사가 짧으며, 단기간에 번식이 가능한 생물들이 많이 서식한다. 이곳을 생활 터전으로 삼고 있는 망둑어 역시 몸의 크기가 작고, 1년을 살고

망둑어의 주요 서식처인 조간대

죽는 종류가 많다.

 갯벌 생태계에서 가장 서식 밀도가 높은 동물 무리는 환형동물문의 갯지렁이류, 연체동물문의 조개류와 고둥류, 그리고 절지동물문의 게와 새우가 속하는 갑각류 등 3개 무리이다. 이들은 갯벌의 전체 동물 가운데 90퍼센트 이상을 차지하고 있으며, 망둑어의 중요한 먹이가 된다. 또 이들을 먹고 사는 망둑어는 간석지 생태계의 먹이 사슬에서 중요한 중간자 역할을 한다. 즉 날개망둑이나 두줄망둑 등 작은 망둑어들은 다른 물고기의 중요한

ⓒ이원중

신안군 증도의 갯벌

먹이가 되어 연안 먹이 사슬의 균형을 이루는 생태적 역할을 담당한다.

갯벌은 해양 환경 중에서 가장 높은 생물 생산력을 가진 곳이고, 이곳의 독특한 환경에 적응한 생물들은 풍부한 먹이로 인해 크게 번성하며, 이 때문에 갯벌은 우리나라뿐만 아니라 세계적으로도 어패류의 양식장으로 널리 이용되어 왔다. 따라서 아무런 가치가 없어 보이는 작은 망둑어라 해서 이들의 서식처를 가볍게 인식해서는 안 되며, 망둑어와 이들의 서식처는 해양 생물 먹이 사슬의 중요한 자원으로서 보호를 받아야 할 것이다.

생태계 ecosystem

생태계란 일정한 지역에 사는 생물과 그 생물을 둘러싸고 있으면서 생물과 상호 작용을 하는 물리적 환경의 총체를 말한다. 즉 생물적 구성 요소와 비생물적 구성 요소인 물리적 환경이 상호 관계를 가지고 자연이라는 시스템 속에서 영양 단계, 생물의 다양성, 물질의 순환을 유지해 나가는 상태이다. 생태계의 비생물적 구성 요소에는 온도를 비롯한 기후 조건과 이산화탄소, 물 등의 무기물, 단백질, 탄수화물, 지방질 등의 유기 화합물이 포함되며, 생물적 구성 요소에는 생산자와 소비자, 분해자 등이 포함된다. 생태계 개념에서 중요한 것은 첫째는 여러 종류의 생물이 물리적 환경을 변화시키고 이러한 변화를 통해서 서로 영향을 미친다는 점이며, 둘째는 지구의 생물을 유지시키는 중요한 작용인 에너지와 양분의 흐름에 큰 영향을 받는다는 점이다.

　연안 생태계를 예로 들면, 연안에 서식하는 모든 동식물과 연안 바닷물의 수온과 염분, 바닥을 구성하는 진흙과 바위 모두를 합한 생태계를 생각할 수 있다. 이 가운데 망둑어는 생물적 구성 요소로서 이곳의 다른 동물들과 함께 소비자의 역할을 담당하는 연안 생태계 내에서의 생태적 지위를 가진다. 즉 망둑어를 비롯한 연안의 모든 생물들이 기계의 부속품처럼 각 위치에서 서로 상호 작용을 함으로써 전체 생태계를 유지하는 데 이상이 없도록 물질 순환의 중계 작용을 하는 것이다.

2부
우리나라의 망둑어

왜풀망둑 *Acanthogobius elongata* (Ni and Wu)

- 형태 몸은 가늘고 길며 뒤쪽으로 갈수록 좌우로 납작해진다. 위턱은 아래턱보다 약간 짧다. 꼬리지느러미가 크고 뒤 가장자리는 둥글다. 몸 색깔은 회갈색이고, 등지느러미와 뒷지느러미의 가장자리는 산란기 때 연한 황색을 띤다. 어미는 약 10센티미터까지 자란다.
- 생태 조간대 펄의 조수웅덩이에서 살며, 봄철에 알을 낳는다.
- 분포 중국, 우리나라 서해 중부 이남의 연안과 기수에 분포한다.

문절망둑 *Acanthogobius flavimanus* (Temminck and Schlegel)

- **형태** 몸의 앞부분은 크고 원통형이며, 몸 뒤로 갈수록 가늘어지고 좌우로 납작하다. 주둥이가 길고 위턱이 아래턱보다 약간 앞으로 나와 있다. 꼬리지느러미 뒤 가장자리는 부채 모양의 둥근 반원형이다. 몸은 회갈색인데, 등 색깔은 진하고 배는 연한 색이다. 몸 중앙에 어두운 흑갈색 점무늬가 세로로 나타나고, 등지느러미와 꼬리지느러미에 검은 톱니 모양의 줄무늬가 여러 개 있다. 낚시로 막 낚아 올렸을 때는 배에서 반사되는 은백색 빛이 선명하다. 낚시꾼들에게 인기가 많은 물고기로 식용으로도 즐겨 쓰인다. 어미는 약 25센티미터까지 자란다.
- **생태** 대부분 1년을 살고, 늦게 성장하는 개체는 2~3년을 사는 것도 있다. 연안과 기수의 바닥에 살며, 봄철에 알을 낳는다.
- **분포** 중국과 일본, 캘리포니아, 오스트레일리아의 시드니, 우리나라 서해 중부 이남의 연안과 기수에 분포한다.

흰발망둑 *Acanthogobius lactipes* (Hilgendorf)

- **형태** 몸의 앞부분은 크고 원통형이며, 꼬리자루는 작고 좌우로 납작하다. 뺨, 아가미뚜껑, 후두부에 비늘이 없다. 수컷은 제1등지느러미 끝이 실처럼 길게 연장되었고, 뒷지느러미가 길다. 꼬리지느러미 뒤 가장자리는 둥글다. 몸은 황갈색으로 몸 중앙에 11~12개의 갈색 가로줄 무늬가 있다. 살아 있을 때는 좁은 흰색 가로줄 무늬가 10여 개 나타난다. 약 10센티미터까지 자란다.
- **생태** 강 하구와 연안의 모랫바닥, 자갈 바닥에 서식하며, 산란기는 5~9월이다.
- **분포** 일본과 중국, 우리나라의 전 연안에 분포한다.

흰발망둑 서식처
(전북 군산시 비응도)

줄망둑 *Acentrogobius pflaumi* (Bleeker)

형태 몸은 원통형이며, 길고 좌우로 약간 납작하다. 주둥이는 눈의 지름보다 짧다. 목과 아가미뚜껑, 가슴 부분은 둥근비늘로 덮여 있고, 가슴지느러미 끝부터는 빗비늘이며 뒤쪽으로 갈수록 비늘이 커진다. 살아 있을 때는 몸과 머리 옆면에 작은 은청색 점들이 있으나 죽으면 없어지고, 같은 자리에 5개의 어두운 점무늬가 뚜렷해진다. 약 7센티미터까지 자란다.

생태 수심 30미터 미만의 연안과 조수웅덩이에 서식하고, 봄과 여름에 서해안에서 새우잡이 그물에 많이 잡힌다.

분포 우리나라의 서해 연안에만 분포하는 한국 고유종이다.

줄망둑 서식처
(전북 부안군 해창)

도화망둑 *Amblychaeturichthys hexanema* (Bleeker)

형태 몸은 원통형에 가깝고, 머리 앞부분은 상하로 납작하다. 주둥이가 짧고 눈이 크며, 두 눈 사이의 간격이 좁다. 아래턱의 밑에 좌우 3쌍, 모두 6개의 수염이 있으며 뺨과 아가미뚜껑은 작은 비늘로 덮여 있다. 꼬리지느러미 뒤 가장자리는 뾰족하다. 몸은 붉은빛을 띤 암갈색이고, 옆면에 윤곽이 뚜렷하지 않은 어두운 갈색 무늬가 있다. 모든 지느러미는 어두운 빛을 띠고, 제1등지느러미의 3~6번째 지느러미 줄기의 윗부분은 검은색을 띤다. 약 20센티미터까지 자란다.

생태 바닥이 펄로 이루어진 연안 10~30미터 깊이의 바닥에 서식한다.

분포 중국, 일본 홋카이도 남부에서 규슈에 이르는 해역과 우리나라의 서해안에 분포한다.

도화망둑 서식처
(새만금 방조제 주변)

숨이망둑 *Apocryptodon madurensis* Tomiyama

형태 몸은 가늘고 길다. 머리 앞에서 주둥이에 이르는 등 쪽의 외곽선은 둥글고, 눈은 머리의 위쪽에 치우쳐 있다. 꼬리지느러미 뒤 가장자리는 둥글다. 몸은 담갈색 바탕에 등지느러미 기부를 따라 9~10개의 가로무늬가 있고, 몸 중앙에는 희미한 선이 이어지며 그 선상에 윤곽이 뚜렷하지 않은 5~6개의 어두운 점들이 세로로 배열되어 있다. 약 7센티미터까지 자란다.

생태 조간대 하부의 펄 바닥에 구멍을 파고 산다.

분포 일본, 필리핀, 싱가포르, 인도 등에 분포하고, 우리나라에는 서해안의 충남 홍성, 전북 부안, 전남 목포에 분포한다.

숨이망둑 서식처
(전북 부안군 해창)

무늬망둑 *Bathygobius fuscus* (Ruppell)

- **형태** 몸은 원통형이며, 머리 앞부분은 상하로 납작하고 꼬리지느러미 앞부분은 좌우로 납작하다. 머리는 둥근비늘, 몸은 빗비늘로 덮여 있다. 가슴지느러미 위쪽의 지느러미 줄기는 실처럼 가늘게 분리되었다. 몸은 어두운 갈색이며, 옆면에 크고 검은 무늬가 있다. 살아 있을 때는 몸 전체에 아름다운 코발트빛 점들이 나타난다. 제1등지느러미의 중간에 넓은 갈색 가로줄 무늬가 있다. 약 10센티미터까지 자란다.
- **생태** 연안의 바위 지역에 서식하며, 여름에 돌 밑이나 빈 조개껍데기 안쪽에 산란한다.
- **분포** 일본, 중국 남부, 우리나라에는 제주도를 포함한 남해안에 서식한다.

무늬망둑 서식처
(제주 서귀포 강정항)

짱뚱어 *Boleophthalmus pectinirostris* (Linnaeus)

- **형태** 몸은 길고 앞부분은 원통형이며, 뒤로 갈수록 좌우로 납작해진다. 머리는 크고 상하로 납작하다. 눈은 위로 볼록 솟아 있고, 두 눈 사이는 좁다. 주둥이는 끝이 뭉툭하고, 입은 아래쪽에 수평으로 열린다. 양턱의 길이는 거의 비슷하다. 배는 연한 색을 띠며 몸은 회청색이고, 몸 전체에 하늘색 점들이 흩어져 있다. 등지느러미와 꼬리지느러미에도 하늘색 점무늬가 모여 줄무늬를 이룬다. 이 청색 점으로 같은 환경에 서식하는 말뚝망둥어와 구분한다. 약 20센티미터까지 자란다.

- **생태** 강 하구와 간석지의 갯벌에 구멍을 파고 살며, 가슴지느러미로 바닥을 기어 다닌다. 다년생으로 3~4년 자라면 어미가 되고, 산란기인 6~7월에는 수컷이 등지느러미를 활짝 펴고 점프하면서 암컷을 유인한다. 암컷이 땅속 굴에 1~2만 개의 알을 낳으면 부화할 때까지 수컷이 알을 보호한다. 겨울에는 구멍 속에서 겨울잠을 잔다. 규조류와 동물성플랑크톤을 먹는다.

- **분포** 일본, 중국, 타이완, 미얀마, 말레이 반도와 우리나라 서해, 남해의 서부 연안에 분포한다.

점망둑 *Chasmichthys dolichognathus*

형태 몸은 작고 길며, 머리는 상하로 납작하고 몸의 뒷부분은 좌우로 납작하다. 입은 크고, 위턱이 아래턱보다 약간 길다. 턱의 뒤 끝은 눈의 후반부를 지난다. 눈 앞의 외곽선은 완만한 곡선을 이룬다. 비늘은 작고, 꼬리지느러미 뒤 가장자리는 둥글다. 몸은 연한 황갈색을 띠고 옆면에 흑갈색의 불규칙한 구름무늬가 있으며, 작고 검은 점들이 흩어져 있다. 등지느러미와 꼬리지느러미에는 검은 점무늬들이 열을 이룬다. 약 7센티미터까지 자란다.

생태 바위와 암벽으로 이루어진 해안의 돌 사이에 서식한다.

분포 일본 홋카이도 이남과 우리나라 전 해안에 분포한다.

점망둑 서식처
(충남 태안군 모항)

별망둑 *Chasmichthys gulosus* (Guichenot in Sauvage)

- **형태** 몸은 원통형이며, 머리는 상하로 납작하고 몸의 뒷부분은 좌우로 납작하다. 눈은 작고 머리의 등 쪽에 위치하며 주둥이가 길다. 꼬리지느러미 뒤 가장자리는 둥글다. 몸은 진한 흑갈색이나 전체적으로는 검게 보이며, 흰 점 무늬들이 흩어져 있다. 꼬리자루 끝부분에 검은 점이 있고, 꼬리지느러미 가장자리는 밝은색을 띤다. 약 12센티미터까지 자란다.
- **생태** 해안의 바위와 돌 사이에 서식한다.
- **분포** 일본 홋카이도에서 규슈에 이르는 해역과 우리나라 전 해안에 분포한다.

별망둑 서식처
(경북 경주시 양남면 읍천항)

쉬쉬망둑 *Chaeturichthys stigmatias* Richardson

형태 몸은 원통형이고, 머리와 몸 앞부분은 크며, 뒤로 갈수록 몸통이 작아진다. 눈은 작고, 머리의 위쪽에 붙어 있다. 주둥이는 길고 끝부분은 둥글다. 아래턱에 3쌍의 수염이 있고, 가슴 안쪽에 3개의 육질로 된 유두 돌기가 있다. 꼬리지느러미 뒤 가장자리는 중앙이 길어서 그 끝이 붓처럼 뾰족하다. 몸 색깔의 바탕은 담갈색인데 위쪽에 어두운 갈색 점들이 흩어져 있고, 배는 밝은색을 띤다. 제1등지느러미의 6번째 지느러미 줄기 뒤에 검은 점무늬가 있다. 식용하며, 약 30센티미터까지 자란다.

생태 수심 10~20미터 깊이의 연안 모랫바닥과 펄 바닥에 서식한다.

분포 일본의 아오모리 이남과 우리나라의 서해안에 분포한다.

쉬쉬망둑 서식처
(새만금 방조제 외측)

실망둑 *Cryptocentrus filifer* (Valenciennes)

형태 몸은 길고 좌우로 납작하며, 눈 앞의 등 쪽 외곽선은 경사가 심하다. 제1등지느러미의 지느러미 줄기 끝이 실처럼 길게 연장되어 있다. 회청색 바탕의 몸에 윤곽이 뚜렷하지 않은 다갈색 가로무늬가 5~6개 있다. 아가미뚜껑에는 금속성의 코발트색 점들이 흩어져 있다. 제1등지느러미 아랫부분에 검은 점이 있고, 제2등지느러미와 꼬리지느러미 상반부에는 노란 점들이 열을 이룬다. 뒷지느러미는 흑청색을 띤다. 약 15센티미터까지 자란다.

생태 연안의 저층부에 주로 서식하고, 표층에서 유영 생활을 하기도 한다.

분포 일본, 중국, 타이완, 인도양의 일부 해역과 우리나라 서해, 남해, 동해 남부 연안에 분포한다.

풀비늘망둑 *Eviota abax* (Jordan and Snyder)

형태 몸은 둥글고 뒷부분은 좌우로 납작하다. 몸은 큰 비늘로 덮여 있고 연한 회청색이며, 각 비늘의 가장자리에는 홍갈색의 테두리가 있다. 뺨에는 작고 검은 점무늬들이 흩어져 있고, 후두부와 가슴지느러미가 시작되는 부분에도 검은 점무늬가 있다. 제2등지느러미와 꼬리지느러미의 앞에는 많은 홍갈색 점들이 열을 이룬다. 가슴지느러미가 시작되는 부분에 동공 크기의 어두운 점무늬가 2개 있다. 망둑어과 어류 중에서도 매우 작은 종으로 약 5센티미터까지 자란다.

생태 해안의 웅덩이와 바위 사이에 산다.

분포 일본 아오모리 남서부와 우리나라의 제주도에 분포한다.

날개망둑 *Favonigobius gymnauchen* (Bleeker)

- **형태** 머리는 상하로 납작하고, 몸통은 뒤로 갈수록 작아지며 좌우로 납작해진다. 주둥이는 끝이 뾰족하고, 눈은 머리의 위쪽에 있다. 아래턱은 위턱보다 약간 길다. 몸은 연한 색으로 옆에 4쌍의 어두운 갈색 점무늬가 세로로 배열되고, 등 쪽에 자갈색 점들이 흩어져 있다. 수컷의 제1등지느러미 2번째 지느러미 줄기는 실처럼 길게 연장되어 있다. 꼬리지느러미에 5~7개의 자갈색 줄무늬가 있다. 제1, 2등지느러미의 위쪽에는 노란 세로줄 무늬가 길게 이어진다. 약 10센티미터까지 자란다.
- **생태** 기수역과 연안 얕은 곳의 모랫바닥에 서식하고, 6~7월경 죽은 조개껍데기에 알을 낳는다.
- **분포** 중국, 일본의 홋카이도 이남과 우리나라의 서해와 남해안에 분포한다.

날개망둑 서식처
(충남 안면도 꽃지해수욕장)

날망둑 *Gymnogobius castaneus* (O' Shaughnessy)

- **형태** 머리는 원통형이며 상하로 납작하고, 몸 뒤로 갈수록 좌우로 납작해진다. 눈은 작고 머리 위쪽에 있다. 가슴지느러미 뒤 끝은 제1등지느러미의 뒤까지 도달한다. 꼬리지느러미의 뒤 가장자리는 둥글다. 배를 제외한 몸은 회갈색이며, 옆면에는 눈과 비슷한 크기의 노란 가로무늬들이 있다. 암컷은 산란기에 등지느러미와 배지느러미, 뒷지느러미가 검게 변한다. 등지느러미에는 검은 점무늬가 5열로 배열되어 있다. 약 8센티미터까지 자란다.

- **생태** 모래로 이루어진 강 하구와 인접한 연안에 서식하며, 민물과 바다를 오가며 지낸다. 산란기는 1~4월이다.

- **분포** 일본, 중국과 우리나라 동해 남부의 기수에 분포한다.

날망둑 서식처
(부산시 기장읍 일광천)

얼룩망둑 *chaenogobius mororanus* (Jordan and Snyder)

형태 몸은 가늘고 길며 머리는 상하로 납작하고, 뒤로 갈수록 좌우로 납작해진다. 입은 크고, 아래턱이 위턱보다 돌출되었으며 턱의 뒤 끝은 눈 뒤를 훨씬 지난다. 비늘은 매우 작고, 꼬리지느러미 뒤 가장자리는 둥글다. 몸은 올리브색을 띠고, 등에 그물 모양의 암갈색 무늬가 있다. 살아 있을 때는 반투명하다. 약 7센티미터까지 자란다.

생태 조간대와 기수역의 얕은 곳, 웅덩이에 서식한다.

분포 일본, 중국과 우리나라의 서해와 남해안에 분포한다.

얼룩망둑 서식처
(충남 안면도 바람아래해수욕장)

꾹저구 *Chaenogobius urotaenia* (Hilgendorf)

형태 머리는 상하로 납작하고, 몸 뒤로 갈수록 좌우로 납작해진다. 혀끝이 갈라져 있어 망둑어과의 다른 종들과 구분된다. 눈은 비교적 크고, 두 눈 사이의 간격이 넓다. 입이 커서 입 양 끝이 눈의 끝부분보다 더 뒤쪽까지 도달한다. 비늘은 둥글며, 머리에는 비늘이 없다. 몸 옆에 약 7개, 그 위쪽에 3~4개의 넓은 점무늬가 있고, 꼬리지느러미의 앞에도 검은 점무늬가 1개 있다. 등지느러미와 꼬리지느러미에 3~4줄의 가로무늬가 있으며, 제1등지느러미의 가장자리에는 검은 점무늬가 1개 있다. 약 14센티미터까지 자란다.

생태 강 하구 자갈 바닥의 물 흐름이 빠른 담수에 서식하며, 수서 곤충을 먹는다.

분포 일본, 시베리아와 우리나라 전 연안의 기수역과 강 하류에 분포한다.

사자코망둑 *Istigobius campbelli* (Jordan and Snyder)

형태 머리는 상하로 납작하고, 몸의 후반부는 좌우로 납작하다. 눈 앞에서 주둥이 끝에 이르는 외곽선은 둥글고, 입은 주둥이의 약간 아래쪽에 있다. 가슴지느러미의 맨 위쪽 지느러미 줄기는 분리되지 않았지만, 2번째 지느러미 줄기와의 사이가 약간 오목하다. 꼬리지느러미 뒤 가장자리는 타원형을 이룬다. 몸은 다갈색이며, 옆쪽 중앙에 흑갈색의 점무늬가 세로로 나타나고, 진한 자갈색 점들이 흩어져 있다. 눈 뒤쪽에 어두운 세로줄 무늬가 있다. 약 8센티미터까지 자란다.

생태 바위가 많은 연안 얕은 곳의 모랫바닥에 서식한다.

분포 일본과 우리나라의 제주도에 분포한다.

사자코망둑 서식처
(제주 서귀포 모슬포)

비단망둑 *Istigobius hoshinonis* (Tanaka)

- **형태** 머리는 상하로 납작하고, 몸 뒤로 갈수록 좌우로 납작해진다. 눈은 크고, 머리의 등 쪽 외곽선에 붙어 있다. 눈 앞에서 주둥이에 이르는 외곽선은 둥글고, 입은 주둥이의 약간 아래쪽에 있다. 꼬리지느러미 뒤 가장자리는 부챗살 모양으로 둥글다. 몸은 황갈색을 띠며 몸 옆쪽 중앙에 암갈색 점들이 세로줄을 이룬다. 수컷의 제1등지느러미 후반부에는 작은 흑갈색 점무늬들이 있다. 각 지느러미는 반투명하고, 등지느러미와 꼬리지느러미에는 노란 점들이 줄무늬를 이룬다. 약 12센티미터까지 자란다.
- **생태** 바위와 모래로 이루어진 연안의 바닥에 산다.
- **분포** 일본과 우리나라의 제주도에 분포한다.

사백어 *Leucopsarion petersii* Hilgendorf

형태 몸이 작고 긴 원통형에 가깝다. 머리는 상하로 납작하고, 아가미뚜껑 뒤쪽부터 좌우로 납작하다. 눈은 머리의 중앙보다 약간 위에 있고, 아래턱이 위턱보다 길다. 등지느러미는 1개로 몸 중앙보다 뒤쪽에 있다. 꼬리지느러미 뒤 가장자리는 안쪽으로 약간 오목하다. 비늘이 없고, 살아 있을 때에는 투명하여 내장이 보이지만 죽으면 흰색으로 변한다. 어린 뱅어와 비슷하지만 뱅어에 비해 입술이 짧고 둥글다. 또 뱅어의 배지느러미는 몸의 중앙에 있지만, 사백어의 배지느러미는 가슴지느러미 바로 아래에 있다. 살아 있을 때는 배 쪽에 붉은 점들이 열을 이룬다. 약 5센티미터까지 자란다.

생태 해안선이 움푹 들어가 파도의 영향이 없는 깨끗한 연안이나 강 하구에 서식한다. 산란기에는 하천의 하류로 올라와 알을 낳는다. 일본 홋카이도에서는 산 채로 초간장에 찍어 먹고, 그 밖의 지방에서도 맑은 국이나 튀김 요리로 즐겨 먹는다.

분포 중국, 일본의 홋카이도에서 규슈에 이르는 해역, 우리나라 동해로 흐르는 경남 일대 하천, 남해 연안의 강 하구에 분포한다.

미끈망둑 *Luciogobius guttatus* Gill

- **형태** 몸은 미꾸라지 모양으로 가늘고 길며, 머리는 상하로 납작하다. 주둥이는 둥글고, 아래턱이 위턱 앞으로 나와 입은 45도 정도 위를 향해 열린다. 눈은 머리의 위쪽에 있다. 등지느러미는 1개로 몸의 뒷부분에 있다. 가슴지느러미의 가장 위쪽 지느러미 줄기 1개는 분리되었고, 그 아래쪽에는 분리된 지느러미 줄기가 없다. 꼬리지느러미 뒤 가장자리는 둥글고, 꼬리지느러미 앞 부위는 육질로 덮여 약간 두껍다. 피부는 비늘이 없고 미끈미끈하다. 등은 흑갈색, 배는 연한 갈색을 띤다. 약 6센티미터까지 자란다.
- **생태** 강 하구의 기수역과 연안의 자갈 아래에 산다.
- **분포** 일본의 홋카이도 이남, 우리나라의 전 연안에 분포한다.

미끈망둑 서식처
(충남 안면도 영목항)

모치망둑 *Mugilogobius abei* (Jordan and Snyder)

형태 몸의 앞부분은 원통형이고 뒤로 갈수록 좌우로 납작해진다. 머리는 크고, 주둥이는 둥글다. 눈은 머리의 등 쪽에 있고, 두 눈 사이는 약간 볼록하며 눈 앞쪽 외곽선은 경사가 심하다. 양 턱의 길이는 거의 비슷하다. 제1등지느러미의 2번째 지느러미 줄기는 실처럼 길게 연장되어 있다. 꼬리지느러미 뒤 가장자리는 둥글다. 몸은 녹갈색을 띠고, 몸 뒷부분에 2개의 검은 세로줄 무늬가 꼬리지느러미 앞까지 이어진다. 산란기에 등지느러미 가장자리는 노란색을 띤다. 약 5센티미터까지 자란다.

생태 강 하구의 기수역과 연안의 펄, 모랫바닥에 산다.

분포 일본, 중국, 타이완과 우리나라의 서해안에 분포한다.

모치망둑 서식처
(충남 태안군 청포대해수욕장)

제주모치망둑 *Mugilogobius fontinalis* (Jordan and Seale)

- **형태** 몸의 앞부분은 원통형이고 뒤로 갈수록 좌우로 납작해진다. 머리는 크고, 주둥이는 둥글다. 눈은 머리의 등 쪽에 있고, 두 눈 사이는 약간 볼록하며 눈 앞쪽 외곽선은 경사가 심하다. 양 턱의 길이는 거의 비슷하다. 제1등지느러미의 2번째 지느러미 줄기는 실처럼 길게 연장되었다. 꼬리지느러미 뒤 가장자리는 둥글다. 모치망둑과 형태적으로 매우 비슷하지만, 몸 뒷부분에 2개의 세로줄 무늬를 가로지르는 가로무늬들이 7~8개 있어서 모치망둑과 구분된다. 모치망둑은 펄 바닥에 살지만 제주모치망둑은 자갈 밑에서 사는 것도 다르다. 약 5센티미터까지 자란다.
- **생태** 제주도 해변의 자갈 아래에 산다.
- **분포** 일본, 우리나라의 제주도에 분포한다.

제주모치망둑 서식처
(제주 서귀포 강정항)

말뚝망둥어 *Periophthalmus modestus* Cantor

- **형태** 머리가 크고 몸 뒤로 갈수록 좌우로 납작해진다. 눈은 머리의 등 쪽에 볼록하게 솟아 있으며, 두 눈 사이의 간격은 매우 좁다. 위턱은 아래턱보다 길고, 1쌍의 육질 돌기가 있다. 가슴지느러미가 시작되는 부분에 육질이 발달되어 있다. 꼬리지느러미는 아래쪽이 약간 짧아서 상하가 비대칭이다. 몸은 흑갈색이고 지느러미는 몸보다 연한 색을 띤다. 제1등지느러미의 가장자리와 제2등지느러미 중간에 검은 줄무늬가 있다. 약 10센티미터까지 자란다.
- **생태** 연안이나 강 하구 기수역의 펄 바닥에 산다. 만조 시에는 물 위를 스치듯 뛰어다니며, 간조 시에는 가슴지느러미를 이용하여 펄 바닥을 뛰어다닌다. 작은 갑각류와 곤충을 잡아먹는다.
- **분포** 일본, 중국, 오스트레일리아, 인도, 홍해 등 분포 지역이 비교적 넓은 편이다. 우리나라에는 서해와 남해안의 간석지에 분포한다.

말뚝망둥어 서식처
(전북 부안군 해창)

큰볏말뚝망둥어 *Periophthalmus magnuspinnatus* Lee, Choi and Ryu

- **형태** 머리가 크고 몸 뒤쪽으로 갈수록 좌우로 납작해진다. 눈은 머리의 등 쪽에 볼록하게 솟아 있으며, 두 눈 사이의 간격은 매우 좁다. 위턱은 아래턱보다 길고, 1쌍의 육질 돌기가 있다. 가슴지느러미 기부에 육질이 발달되어 있다. 몸의 형태가 말뚝망둥어와 비슷하지만, 제1등지느러미가 부챗살 모양으로 크고, 등지느러미 가장자리의 검은 줄무늬는 말뚝망둥어보다 폭이 넓고 뚜렷하다. 약 10센티미터까지 자란다.

- **생태** 연안이나 강 하구 기수역의 펄 바닥에 산다. 만조 시에는 물 위를 스치듯 뛰어다니며, 간조 시에는 가슴지느러미를 이용하여 펄 바닥을 뛰어다닌다. 작은 갑각류와 곤충을 잡아먹는다.

- **분포** 한국 고유종으로 우리나라 서해와 남해로 흐르는 강의 하구에 인접한 조간대 갯벌에만 분포한다.

- **기타** 본 종은 전주교육대학교의 이용주 교수와 군산대학교 최윤 교수(필자), 유봉석 교수가 신종으로 보고하였다.

일곱동갈망둑 *Pterogobius elapoides* (Günther)

- **형태** 머리는 상하로 납작하며, 몸은 길고 뒤로 갈수록 좌우로 납작해진다. 양 턱의 길이는 거의 비슷하고, 턱의 뒤끝은 눈 아래까지 도달한다. 꼬리지느러미 뒤 가장자리는 둥글고, 비늘은 작다. 연한 다갈색 바탕의 몸에 7개의 진한 흑갈색 가로줄 무늬가 있고, 줄무늬 주변에는 연한 노란색 테두리가 있다. 약 15센티미터까지 자란다.
- **생태** 해조류가 많은 바위 지역의 저층부에서 유영 생활을 한다.
- **분포** 일본의 홋카이도 이남, 우리나라의 제주도를 포함한 남해와 동해 남부(경북 영덕)에 분포한다.

어린 일곱동갈망둑

ⓒ이선명

금줄망둑 *Pterogobius virgo* (Temminck and Schlegel)

- 형태 머리는 상하로 납작하고, 몸통은 뒤로 갈수록 좌우로 납작해진다. 몸은 아주 작은 비늘로 덮여 있다. 자갈색 바탕의 몸에 등 쪽에는 폭이 넓은 세로줄 무늬가 주둥이에서 꼬리지느러미까지 이어지고, 그 아래쪽으로 폭이 좁은 파란 줄무늬가 역시 주둥이에서 꼬리지느러미까지 이어진다. 약 20센티미터까지 자란다.
- 생태 연안 약간 깊은 곳의 바위 지역에 산다.
- 분포 일본 남부 해역과 우리나라의 제주도를 비롯한 남해안에 분포한다.

다섯동갈망둑 *Pterogobius zacalles* Jordan and Snyder

형태 머리는 상하로 납작하고, 몸의 뒷부분은 좌우로 납작하다. 눈은 크고 양 눈 사이의 간격이 넓다. 양 턱의 길이는 비슷하며, 입은 위쪽으로 비스듬히 열린다. 등지느러미는 2개로 구분되지만 가깝게 인접해 있고, 꼬리지느러미 뒤 가장자리는 둥글다. 비늘은 매우 작다. 흰색에 가까운 연한 갈색 바탕의 몸에 5개의 흑갈색 가로줄 무늬가 있다. 제2등지느러미와 뒷지느러미, 꼬리지느러미의 가장자리는 검은색을 띤다. 약 14센티미터까지 자란다.

생태 수심 10~20미터의 바위 지역에 산다.

분포 일본 홋카이도 이남과 우리나라의 서해(전북 어청도), 제주도를 포함한 남해(부산)에 분포한다.

흰줄망둑 *Pterogobius zonoleucus* Jordan and Snyder

- 형태 머리는 상하로 납작하고, 몸 뒤로 갈수록 좌우로 납작해진다. 눈은 커서 주둥이 길이와 비슷하고, 머리의 중앙보다 약간 위쪽에 있다. 제1등지느러미 중간 부분의 지느러미 줄기는 길고, 꼬리지느러미 뒤 가장자리는 둥글다. 연한 갈색 바탕의 몸에 6~8개의 너비가 좁고 연한 가로줄 무늬가 있다. 제2등지느러미와 뒷지느러미에 노란색과 흰색, 갈색의 세로줄 무늬들이 나타난다. 약 9센티미터까지 자란다.
- 생태 수심 20미터 미만의 바위 주변에 산다.
- 분포 중국, 일본 홋카이도 이남과 우리나라의 울릉도 및 동해 남부, 제주도를 포함한 남해에 분포한다.

밀어 *Rhinogobius brunneus* (Temminck and Schlegel)

형태 머리는 상하로 납작하고, 몸은 원통형으로 뒤로 갈수록 좌우로 납작해진다. 위턱은 아래턱보다 약간 길다. 배지느러미는 원형이고, 꼬리지느러미 뒤 가장자리는 둥글다. 몸 색깔과 무늬는 변이가 많은데, 보통 몸 옆쪽 중앙에는 7개 정도의 큰 흑갈색 점무늬가 있으며, 등지느러미와 뒷지느러미, 그리고 꼬리지느러미에는 여러 줄의 가로무늬가 있다. 눈의 앞쪽에 좁은 황갈색의 ∨자형 무늬가 있다. 약 7센티미터까지 자란다.

생태 하천 중류의 여울부에서 하류까지 널리 산다. 산란기는 5∼7월로 돌 밑의 좁은 틈에 알을 붙이며, 산란 후에는 수컷이 알을 지킨다.

분포 일본, 중국, 우리나라의 제주도와 울릉도를 포함한 민물 하천과 호소에 분포한다.

갈문망둑 *Rhinogobius giurinus* (Rutter)

- 형태 머리 앞부분은 상하로 납작하고, 주둥이가 뾰족하다. 몸은 원통형으로 뒤로 갈수록 좌우로 납작해진다. 몸의 형태와 색깔, 무늬는 밀어와 비슷하지만 배지느러미의 흡반이 타원형이다. 몸 옆 중앙에는 7~8개의 흑갈색 점무늬가 서로 연결되며, 가슴지느러미가 시작되는 부분의 상단에 검은 점무늬가 뚜렷하게 나타난다. 등지느러미에는 2~3개의 가로줄 무늬가 있으나 꼬리지느러미와 뒷지느러미에는 무늬가 없다. 약 9센티미터까지 자란다.
- 생태 하천 중류에서 기수에 이르는 자갈 바닥에 살고, 호수에도 서식한다.
- 분포 일본, 중국, 우리나라 전 연안의 여러 하천과 저수지 및 제주도 중문에 분포한다.

바닥문절 *Sagamia geneionema* (Hilgendorf)

형태 머리는 상하로 납작하고, 몸의 뒷부분은 좌우로 납작하다. 위턱이 아래턱보다 약간 길고, 턱 아래에 짧은 수염이 많이 나 있다. 연한 갈색 바탕의 몸에는 옆쪽 중앙에 7~9개의 윤곽이 뚜렷하지 않은 진한 갈색 점무늬가 있고, 등 쪽에 작은 갈색 점들이 흩어져 있다. 제1등지느러미의 1, 2번째 지느러미 줄기와 7, 8번째 지느러미 줄기 사이에도 검은 점무늬가 있다. 꼬리지느러미의 앞에 흑갈색 점무늬가 있고, 뒷지느러미의 가장자리는 흑갈색을 띤다. 약 10센티미터까지 자란다.

생태 연안 얕은 곳의 모랫바닥에 산다.

분포 일본 아오모리에서 규슈에 이르는 해역과 우리나라 제주도를 포함한 남해 연안에 분포한다.

남방짱뚱어 *Scartelaos gigas* Chu and Wu

형태 몸이 길고 앞부분은 원통형이며, 뒤로 갈수록 좌우로 납작해진다. 눈은 머리의 등 쪽에 치우쳐 있고, 두 눈 사이의 간격은 매우 좁다. 머리와 몸은 작은 비늘로 덮여 있다. 머리 앞에서 주둥이에 이르는 외곽선은 경사가 심하고, 입은 주둥이 아래쪽으로 열린다. 꼬리지느러미 뒤 가장자리는 뾰족하다. 회청색 바탕의 몸에는 깨알같이 작고 검은 점들이 흩어져 있고 뺨과 아가미, 가슴지느러미가 시작되는 부분에 흰 가로줄 무늬가 있다. 제1등지느러미의 가장자리는 검다. 약 20센티미터까지 자란다.

생태 개펄 바닥에 산다. 짱뚱어와 서식처가 같으나 서식 밀도는 짱뚱어보다 훨씬 낮다.

분포 우리나라의 서해(무안), 남해 서부(벌교, 지도)의 간석지에 분포한다.

풀망둑 *Synechogobius hasta*(Temminck and Schlegel)

형태 몸은 원통형이며, 머리는 크고 꼬리자루는 좌우로 납작하다. 문절망둑과 비슷하지만 등지느러미의 지느러미 줄기 수가 많고, 등지느러미와 꼬리지느러미에 검은 줄무늬가 없는 것이 문절망둑과 다르다. 몸은 연한 갈색 또는 회색이며, 배는 희고 약간 푸른 빛깔을 띤다. 어린 개체는 몸 옆에 9~12개의 갈색 점무늬가 뚜렷하지만, 성장할수록 희미해진다. 산란기의 암컷은 주둥이와 가슴지느러미, 꼬리지느러미에 노란색을 띤다. 산란기 전까지의 체형은 문절망둑과 비슷하지만 성장하면서 몸이 홀쭉하고 길어진다. 수컷은 약 50센티미터, 암컷은 40센티미터까지 자란다.

생태 연안이나 강 하구의 펄 바닥에 살며, 발목이 빠질 정도로 깊은 펄을 좋아한다. 갑각류와 어류 등 작은 동물을 먹고, 산란기는 4~5월이다.

분포 일본, 중국, 타이완, 인도네시아와 우리나라 동해 북부를 제외한 전 연안 및 강 하구에 분포한다.

풀망둑 서식처
(전북 군산시 내초도)

아작망둑 *Tridentiger barbatus* (Günther)

형태 몸은 짧고, 앞부분은 원통형이며 뒤로 갈수록 좌우로 납작해진다. 눈은 머리의 등 쪽에 치우쳐 있고, 주둥이는 짧다. 주둥이에는 짧은 수염이 많이 나 있다. 꼬리지느러미 뒤 가장자리는 둥글다. 연한 갈색 바탕의 몸에는 4~5개의 넓은 암갈색 가로 무늬가 있다. 약 12센티미터까지 자란다.

생태 연안과 기수역의 수심 10미터 미만의 바닥에 산다.

분포 일본, 중국, 타이완과 우리나라 서해와 남해안에 분포한다.

민물두줄망둑 *Tridentiger bifasciatus* Steindachner

형태 몸은 짧고, 앞부분은 원통형이며 뒤로 갈수록 좌우로 납작해진다. 머리는 상하로 납작하고, 주둥이는 끝이 뭉툭하다. 몸의 바탕색은 연한 갈색이며, 등과 몸 중앙에 2개의 세로줄 무늬가 있는데, 줄무늬가 불분명한 개체들도 있다. 아가미뚜껑에 밝은색의 둥근 점들이 흩어져 있으며, 이 점들은 두줄망둑에 비해 좀더 빽빽하게 배열되어 있다. 등지느러미의 가장자리는 노란색을 띠지만, 포르말린 액에 고정하면 밝은색으로 변한다. 산란기의 수컷은 주둥이와 아가미뚜껑 부위가 커져 불룩하며, 몸 옆의 줄무늬는 선명하지 않다. 약 10센티미터까지 자란다.

생태 바위와 자갈 또는 개펄로 된 강 하구의 기수 및 담수에 산다.

분포 일본, 중국, 타이완과 우리나라 서해로 흐르는 하천 및 기수에 분포한다.

민물두줄망둑의 서식처
(전북 부안군 해창)

민물검정망둑 *Tridentiger brevispinis* Katsuyama (Arai and Nakamura)

- **형태** 머리는 상하로 납작하고, 몸 뒤로 갈수록 좌우로 납작해진다. 주둥이는 뭉툭하고, 양 턱의 길이는 비슷하다. 성숙한 수컷의 제1등지느러미 3번째 지느러미 줄기의 길이는 검정망둑보다 짧아서, 후방으로 길게 펼 경우 제2등지느러미가 시작되는 부위에 도달한다. 몸 색깔은 물속에서 검은색을 띠고, 물 밖으로 나오면 연한 갈색으로 변한다. 뺨의 둥근 점무늬는 윤곽이 불분명하다. 가슴지느러미가 시작되는 부분에 황백색의 가로줄 무늬가 있다. 약 10센티미터까지 자란다.
- **생태** 담수역의 자갈과 돌이 많은 곳에 산다. 산란기는 5~7월로 돌 틈에 알을 조밀하게 부착시키며, 부화할 때까지 수컷이 알을 보호한다.
- **분포** 일본과 우리나라 담수역에 분포한다.

황줄망둑 *Tridentiger nudicervicus* Tomiyama

- **형태** 머리는 상하로 납작하고, 몸 뒤로 갈수록 좌우로 납작해진다. 두 눈 사이의 간격은 눈 지름보다 넓다. 위턱과 아래턱의 길이는 비슷하고 턱의 뒤 끝은 눈 뒤까지 도달한다. 몸은 연한 회갈색 바탕이며, 옆쪽 중앙에 직사각형의 진한 갈색 점무늬들이 세로로 나타난다. 눈의 후방과 눈 아래에는 2개의 세로줄 무늬가 있다. 꼬리지느러미 앞에는 2개의 작은 흑갈색 점무늬가 있고, 가슴지느러미가 시작되는 부분의 위쪽에도 어두운 점무늬가 있다. 약 7센티미터까지 자란다.
- **생태** 연안과 조수웅덩이의 모랫바닥과 개펄 바닥에 산다.
- **분포** 일본과 우리나라의 서해(충남 태안, 전북 군산), 남해(여수) 연안에 분포한다.

황줄망둑 서식처
(충남 안면도)

검정망둑 *Tridentiger obscurus* (Temminck and Schlegel)

- **형태** 몸은 둥글고 짧으며 꼬리자루는 좌우로 납작하다. 머리가 크고 주둥이는 뭉툭하며, 위아래 턱의 길이는 비슷하다. 이는 2열이고, 외열의 이는 바깥쪽의 2~3개를 제외하고는 모두 플라타너스 잎과 같이 끝이 3갈래로 갈라진 삼첨두이다(35쪽 사진 참조). 성숙한 수컷의 제1등지느러미 2, 3번째 지느러미 줄기는 길어서 등 후방으로 길게 펼 경우 제2등지느러미의 중간을 지난다. 등과 몸은 흑갈색, 배는 연한 황갈색을 띤다. 가슴지느러미가 시작되는 부분에 노란 가로줄 무늬가 있으며, 뺨에 연한 황갈색의 작고 둥근 점들이 밀집되어 있다. 약 14센티미터까지 자란다.
- **생태** 자갈 바닥에 산다.
- **분포** 일본, 우리나라 동해(삼척 마읍천), 제주도를 포함한 남해안 기수역에 분포한다.

검정망둑 서식처
(경남 사천시)

두줄망둑 *Tridentiger trigonocephalus* (Gill)

🔍 **형태** 몸은 짧고, 앞부분은 원통형이며 뒤로 갈수록 좌우로 납작해진다. 머리는 상하로 납작하고, 눈은 머리의 등 쪽에 붙어 있다. 꼬리지느러미 뒤 가장자리는 둥글다. 몸은 연한 갈색 바탕이고 등과 몸 중앙에 2개의 세로줄 무늬가 있으며, 아래쪽 줄무늬는 주둥이 끝에서 꼬리지느러미 앞까지 이어진다. 아가미뚜껑에는 둥근 점들이 흩어져 있고, 등지느러미의 가장자리는 노란색을 띤다. 약 10센티미터까지 자란다.

생태 연안과 기수역의 바위와 개펄 바닥에 산다.

분포 일본과 중국, 우리나라의 전 연안에 분포한다.

꼬마줄망둑 *Trimma grammistes* (Tomiyama)

형태 몸 앞부분이 크고, 뒤로 갈수록 가늘어진다. 눈 지름은 주둥이 길이보다 길고, 아래턱이 위턱보다 돌출되었다. 2개의 등지느러미는 인접해 있다. 꼬리지느러미 뒤 가장자리는 직선형에 가깝다. 몸 색깔은 황적색 바탕이고 등 쪽의 검은 세로줄 무늬가 주둥이 끝에서 꼬리지느러미 앞까지 이어진다. 각 지느러미는 투명하다. 이름처럼 어미의 몸길이가 4센티미터에 불과한 초소형 물고기이다.

생태 연안 얕은 곳의 바위 지역에 산다.

분포 일본의 중부 이남과 우리나라의 제주도 연안에 분포한다.

미기록 망둑어 *Amblyeleotris* sp.

- **형태** 머리가 상하로 약간 납작하고, 몸통은 후반부로 갈수록 좌우로 납작해진다. 연한 색 바탕의 몸에 5개의 황갈색 가로줄 무늬가 있는 것이 특징이다.
- **생태** 우리나라에서는 제주도 서귀포 해역에 서식하는 것이 2010년 8월에 처음 확인되었다. 장님새우라고 불리는 딱총새우류와 공생하는 것으로 알려져 있다.
- **기타** 수중 촬영으로 자료가 확보되었으나, 우리나라와 인접한 일본 남부 해역에서 이와 유사한 '*Amblyeleotris* 속' 망둑어류가 12종이나 분포하고 있어서 정확한 종의 구분은 표본을 확보한 후 가능할 것으로 판단된다. 사진에 나타난 특징으로 가장 가까운 종은 '*Amblyeleotris japonica* Takagi' 이다.

3부
생활 속 **망둑어**

1 '망둑어'라는 이름의 유래

　60여 종에 달하는 우리나라의 망둑어류 가운데 사람들이 보통 '망둥어'라고 일컫는 종은 연안에서 쉽게 볼 수 있는 풀망둑과 문절망둑이다. 물고기를 연구하는 학자들처럼 특별히 전문적인 지식을 가지고 있지 않은 일반인들은 풀망둑과 문절망둑을 구분하지 않고 통틀어 '문절이' 또는 '망둥어'로 부르는 것이 보통이다. 우리나라 옛 문헌인 서유구의 『전어지』에는 눈이 망원경과 같다고 하여 '망동어'로 기록되어 있으며, 정약전의 『자산어보』에는 머리가 큰 물고기라 하여 '대두어'로 기록되어 있기도 하다.

문절망둑

문절망둑의 학명은 'Acanthogobius flavimanus'이며, 속명인 'Acanthogobius'는 그리스 어로 '가시'라는 뜻의 'Akantha'와 '보잘것없는 작은 고기'라는 뜻의 'kobius'가 합쳐진 것이다. 영어 이름 'brackish goby'는 바닷물과 민물이 만나는 연안에 사는 작은 고기라는 뜻이며, 일본 이름인 '하제(はぜ)'는 모래밭에 사는 고기라는 뜻에서 유래되었다. 독일에서는 '그룬델grundel'이라고 하는데, 바닥에 사는 작은 고기라는 뜻이다. 세계 어디서나 이 물고기의 이름은 대체로 별로 가치 없는 작은 물고기라는 뜻을 담고 있음을 알 수 있다.

망둑어과에 속하는 어류를 흔히 '망둥어'라고 하는데, 한국산 망둑어과 어류 60여 종 가운데 '망둥어'라는 이름이 붙은 것은 말뚝망둥어와 큰볏말뚝망둥어 2종뿐이므로 나머지는 '-망둑어' 또는 '-망둑'이라고 하는 것이 정확한 표현이다.

2 바보도 낚는 망둑이

 일반적으로 망둑어라고 하면 가을철 연안이나 강 하구에서 낚시에 걸려드는 풀망둑을 쉽게 떠올린다. 망둑어는 분류학적으로 농어목 망둑어과 Gobiidae에 속하는 물고기인데, 세계적으로 2000종 가까이 알려져 있고, 우리나라에도 민물과 바다를 통틀어 60여 종의 망둑어과 어류가 서식하는 것으로 알려져 있다. 이 가운데 우리에게 가장 잘 알려진 망둑어는 깊어가는 가을날 연안 얕은 곳이나 강 하구에서 초보 낚시꾼들도 쉽게 낚을 수 있는 풀망둑일 것이다. 풀망둑은 서해와 남해 서부에 분포하는 종으로 다 자란 어미의 몸길이는 50센티미터에 달하며, 우리나라에 서식하는 망둑어과 물고기 가운데 가장 큰 어종이다. 보통 3~5월에 산란과 부화가 이루어져 5월 중순이면 서해안의 얕은 조수 웅덩이에 몸길이 5센티미터 정도인 어린 새끼들이 출현하기 시작한다. 이들은 빠르게 자라서 9월이 되면 몸길이가 20센티미터를 넘고, 부화한 지 만 1년 만에 산란을 하게 된다. 성장이 느려서 그 해에 산란에 참여하지 못한 일부 개체들은 부화된 지 2년 후에 산란을 한다. 풀망둑은 민물에도 적응력이 강하여 강 하구의 기수에서도 흔하게 볼 수 있으며, 금강 하구에 둑이 생기기 전에는 충남 부여의 금강에서도 이들의 모습을 볼 수 있었다. 가을이 깊어가는 10~11월이면 전라북도 김제군 청하면의 만경강 하구 다리는 망둑어를 잡기 위해 낚싯대를 드리운 강태공들이 장사진을 이룬다.

　　대규모 간척 사업과 불법 어업, 생활 하수와 공장 폐수 등으로 인한 수질 오염으로 최근 서해안에 서식하는 어종이 많이 감소했지만, 풀망둑을 낚아 올리는 낚시꾼들의 탄성만큼은 예나 지금이나 변함이 없다. 풀망둑을 낚는 데는 특별한 장비나 고도의 기술이 필요하지 않은 데다가 맛 또한 일품이어서 주말과 휴일을 즐기는 가족 단위의 낚시꾼들이 몰린다. 현장에서 회로 먹어도 좋고, 내장을 제거한 다음 적당히 말려 냉동 보관하였다가

구워서 먹는 맛도 일품이다. "봄 보리멸, 가을 망둑"이라는 말은 가을철 민물과 바닷물이 만나는 강 하구에서 잡히는 산란 직전의 풀망둑은 살이 올라 맛이 좋음을 나타낸다.

전라북도 연안에 특히 풀망둑이 많은 것은 갯벌에 서식하는 풍부한 먹이 때문이다. 즉 넓게 발달한 새만금 조간대의 갯벌에 다량 서식하는 게와 새우, 갯지렁이, 베도라치 등 소형 어류 들이 풀망둑의 좋은 먹이가 되기 때문이다.

망둑어과 물고기 가운데 문절망둑은 풀망둑과 매우 비슷하여 일반인들이 구분하기가 쉽지 않다. 문절망둑은 제2등지느러미 줄기 수가 13~14개로 17개 이상인 풀망둑에 비해 적고, 등지느러미와 꼬리지느러미에 작은 점들이 모여 줄무늬를 이루고 있어 풀망둑과 구별된다. 또 어미의 크기도 풀망둑에 비해 상대적으로 작은 편이다. 풀망둑의 영어 이름인 'javeline goby'는 '투창과 같은 망둑어'라는 의미이다. 모래가 섞인 진흙에 사는 문절망둑에 비해 풀망둑은 발목이 빠질 정도의 깊은 펄 바닥을 좋아하는 특성이 있다. 작은 일에 집착하다가 큰 일을 망가뜨리는 경우를 일컫는 것으로 "꼬시래기 제 살 뜯기"라는 속담이 있는데, 이 '꼬시래기'가 바로 문절망둑의 부산, 마산 지역 사투리이다. 그 외에도 지방에 따라서 문절이(전남 순천, 고흥), 망둑이(경남, 경북) 등의 사투리로 불린다.

풀망둑과 마찬가지로 문절망둑은 봄철에 부화하고 초여름부터 활발한 활동을 시작하여 빠르게 성장하는데, 부화한 지 1년이면 어미가 된다. 지렁이든 번데기든 어떤 먹이라도 닥치는 대로 먹어 치우고, 심지어 낚시에 제 동족의 살을 잘라 미끼로 사용해도 덥석 삼켜 버릴 정도로 먹이를 가리지 않는다. 이러한 습성 때문에 '망둥이 제 동무 잡아먹는다.'는 말이 있고, 정약전의 『자산어보』에는 조상도 몰라본다는 뜻으로 '무조어無祖魚'라고 기록되었다. 어떤 물고기도 조상을 알아보지는 못하겠지만 제 동족의 살을 떼어 미끼로 삼아도 덥석 물어 버리는 풀망둑이나 문절망둑은 투철한 유교 사상을 갖고 있던 정약전의 눈에 무척 거슬렸던 모양이다.

풀망둑 낚시(전북 만경강 하구)

또 초보자도 손쉽게 낚을 수 있어서 '바보도 낚는 망둥이'라는 말도 있다. 낚싯밥에 대해 전혀 경계심 없이 삼켜 버리기 때문에 줄을 늦게 당기더라도 낚싯 바늘은 이미 망둑어의 배 속에 들어 있다. 이 때문에 남녀노소 누구나 쉽게 낚을 수 있는 멍청한 물고기로 불리기도 하지만 제때 알을 낳지 못하면 다시 1년을 기다려야 하는 풀망둑이나 물절망둑의 입장에서는 부지런히 먹는 것이 자손을 번식시키기 위해 불가피한 행동이다.

풀망둑과 문절망둑은 쉽게 낚을 수 있을 뿐 아니라 강 하구와 해안가에서 흔하게 볼 수 있는 물고기인 탓에 푸대접을 받기도 한다. "숭어가 뛰니 망둥어도 뛴다."는 말은 남이 하니까 그럴 형편이 되지 못하는 사람들도 덩달아 따라 한다는 뜻으로 자제를 촉구하는 뜻이 담겨 있다. 반면 세상살이에서 좋은 기회가 항상 있는 것이 아님을 뜻하는 "장마다 망둥이 날까?"라는 속담도 자주 쓰인다. 이처럼 예로부터 전해 내려오는 망둑어에 대한 속담에서 망둑어와 우리 조상들의 친밀한 관계를 엿볼 수 있다.

3
효자고기

　우리나라의 민물에 서식하는 물고기는 기수 어류를 포함해서 200여 종이 알려져 있다. 물고기들에 관심을 갖고 자세히 살펴보면 서로 비슷하면서도 어딘가 차이가 있어 일반인도 어느 정도 구분할 수 있지만, 적어도 30여 종은 어류 전문가가 아니면 구분하기 힘들다. 검정망둑과 민물검정망둑 역시 형태적으로 비슷해서 구분하기가 꽤 까다로운 물고기이다.
　검정망둑은 아가미뚜껑 안쪽에서 먹이를 거르는 역할을 하는 새파의 수가 민물검정망둑에 비해 많고, 제1등지느러미 줄기의 길이가 민물검정망둑보다 길다. 또 검정망둑은 뺨에 둥근 점

검정망둑(위쪽)과 민물검정망둑(아래쪽)_ 검정망둑은 민물검정망둑에 비해 머리와 뺨의 둥근 점무늬들의 윤곽이 뚜렷하다.

무늬들이 뚜렷한 반면, 민물검정망둑은 점무늬들이 불분명하다. 이 외에도 가슴지느러미가 시작되는 부분에 나타나는 색깔을 비롯해 두 종을 구분할 수 있는 특징들이 있지만 일반인이 검정망둑과 민물검정망둑을 구분하기는 그리 쉽지 않다.

충청남도 논산 지역에서는 민물검정망둑을 '효자고기'라고 부르는데, 그 이름에 얽힌 이야기가 전해 내려오고 있다. 옛날 충남 논산시 가야곡면 산노리에 강응정이라는 선비가 살고 있었다. 학식과 덕망이 높은 강 선비는 효성이 지극했지만, 학문에만 몰두해 하루 한 끼 먹는 것도 쉽지 않을 만큼 가난했다. 그러던 어느 겨울, 그는 병상에 누운 어머니가 고깃국을 한 번만 먹으면 죽어도 한이 없겠다고 말하는 것을 들었다. 고깃국은 엄두도 못 낼 형편이었지만 효성이 지극한 강 선비는 어머니를 위해 어렵게 고깃국 한 그릇을 마련했다. 그런데 어머니께 한시라도 빨리 갖다 드리려는 마음에 개울을 서둘러 건너다가 넘어져 국그릇이 산산조각 나고 말았다. 강 선비는 넋을 잃고 강바닥만 바라보고 있었다. 그런데 뜨거운 국물이 흘러서 녹은 얼음 아래로 작은 물고기들이 모여드는 것이 눈에 들어왔다. 강 선비는 고깃국 대신 그 물고기들을 잡아다가 어머니께 끓여 드렸는데, 이 일이 있은 후 마을 사람들은 이 물고기를 '효자고기'라고 불렀다고 한다.

우리나라 민물고기 연구에 많은 업적을 남긴 고 최기철 박사는 이 물고기를 검정망둑이라고 하였다. 그러나 이후 필자는 우리나라에 검정망둑과 유사한 다른 망둑어가 더 있는 것을 확인하였고, 이 종에 대해 민물검정망둑이라고 명명하여 한국 미기록종으로 보고하였다. 효자고기의 일화가 전해 내려오는 논산천에 살고 있는 개체들도 민물검정망둑임에 틀림없다. 필자가 확인한 결과 논산천에는 민물검정망둑만이 살고 있었기 때문이다.

검정망둑과 민물검정망둑은 우리나라 연안에서 비교적 쉽게 볼 수 있는 물고기이지만, 환경 변화에 민감하여 서식지가 갈수록 감소하고 있다. 전라북도 부안의 백천에 많이 살고 있던 민물검정망둑이 댐이 건설된 후에는 하구에서 소수만 서식하고, 다른 하천에서도 10여 년 전에 비해 서식 밀도가 크게 감소한 것으로 확인되고 있다.

4
자산어보의 망둑어

　정약전의 『자산어보』를 보면 모두 101종의 물고기에 대해 비교적 상세히 기록되어 있는데, 이 가운데 망둑어에 대한 기록이 눈에 띈다. 이 책은 '장동어'에 대해 "큰 놈은 5~6치이고, 모양은 무조어無祖魚를 닮았다. 빛깔은 검고 눈은 튀어나와 물에서 잘 헤엄치지 못한다. 흙탕물 위에서 잘 뛰놀며 물을 스쳐간다."고 기록하고 있다. 정문기 박사는 『한국어도보』에서 『자산어보』에 나오는 '장동어'는 짱뚱어를 뜻하는 사투리라고 소개하였다. 그러나 필자의 판단으로는 몸의 크기와 '물 위에서 잘 뛰놀며 물을 스쳐간다'는 표현을 볼 때, '장동어'는 짱뚱어라기보다는 말

『자산어보』를 저술한 정약전의 생가(전라남도 흑산도)

뚝망둥어일 가능성이 더 크다. 말뚝망둥어는 만조 시에 물 밖으로 머리를 내놓거나 물장구치듯 물 위를 스치면서 뛰어다니는 데 비해, 짱뚱어는 펄 바닥을 기어 다니다가 만조가 되면 자신이 파 놓은 굴속으로 들어가기 때문이다.

또 하나의 기록은 '대두어大頭魚'라고 표현된 무조어라는 물고기에 대한 것인데 다음과 같다. "큰 놈은 두 자가 조금 못 된다. 머리와 입은 크나 몸은 가늘다. 빛깔은 황흑색이며, 고기 맛은 달고 진하다. 밀물과 썰물이 왕래하는 곳에서 놀 뿐 아니라 성질이 완강하여 사람을 두려워하지 않으므로 낚시로 잡기가 매우 수월하다. 겨울철에는 흙탕물을 파고 들어가 칩거한다. 이 물고기는 어미를 잡아먹기 때문에 무조어라 부른다. 흑산에도 간간이 나타나지만, 소량이어서 먹기가 어렵다. 육지 가까운 연해에서 잡히는 놈은 매우 맛이 좋다."

『자산어보』에 기록된 이 물고기는 우리나라에 서식하는 망둑어과 어류 가운데 가장 큰 종류인 풀망둑으로 판단된다. "어미를 잡아먹기 때문에 무조어라고 부른다."는 의미는 제 동족의 살을 떼서 미끼를 삼아도 덥석 물어 버리는 풀망둑의 습성을 잘 나타낸 것이며, '사람을 두려워하지 않으므로 낚시로 잡기가 매우 수월하다'는 구절은 남녀노소를 막론하고 초보자도 손쉽게 낚을 수 있기 때문에 '멍청이고기'라고 일컬어지는 풀망둑의 습성을 정확하게 표현한 것으로 생각된다. 앞서 이야기한 '장동어'와 '무조어'를 통틀어 '대두어'로 기록한 것은 머리가 큰 망둑어의 외형적 특징으로 볼 때 매우 적절한 이름이라고 할 수 있다.

5
해수욕장에
모래무지가 산다?

　7월 말과 8월 초가 되면 여름휴가를 바닷가에서 보내려는 사람들로 해수욕장은 북새통을 이룬다. 어린아이들과 함께 바닷가를 찾은 가족 단위의 여행객들은 물놀이를 즐기고 남는 시간에 한 번쯤 백사장의 웅덩이를 찾아서 그곳에 사는 물고기를 살펴본다면 더욱 보람 있는 여행이 될 것이다.

　어느 여름, 국립공원관리공단에서 의뢰받은 어류 조사를 하기 위해 충남 태안군 안면도의 삼봉해수욕장 부근에서 물고기 채집을 한 일이 있다. 해수욕장의 웅덩이에 족대작은 반두와 비슷하나 그물의 가운데가 처져 있는 물고기를 잡는 기구를 들이대는 우리 일행을 보고 대

모래속에 몸을 묻고 있는 날개망둑
(위)과 모래무지(오른쪽)

부분의 사람들은 '이런 곳에서 무슨 물고기를 잡겠다고 저럴까?'라는 듯 힐끗 쳐다보고 지나쳤지만, 아이들과 함께 온 한 젊은 아빠는 우리 모습을 흥미롭게 바라보면서 백사장에서 물고기가 잡히는 것을 신기해 했다. 그리고 아이들과 함께 자기로서도 처음 경험하는 물고기 잡기를 시작했다. 우리가 채집을 마치고 떠날 때까지도 아빠는 아이들과 물고기 잡는 데 여념이 없었다.

날개망둑의 서식처 백사장(충남 안면도 꽃지해수욕장)

그런데 우리가 막 돌아서 자리를 떠나려 할 때 뒷전에서 들려오는 한마디가 진한 안타까움을 자아냈다. 여섯 살쯤 되어 보이는 아이가 "아빠, 이게 무슨 물고기야?"하고 물었는데, 그 젊은 아빠는 자연스럽게 "응, 모래무지야."라고 망설임 없이 대답했기 때문이었다. 물론 모래에 몸을 숨기는 습성이나 생긴 모습이 모래무지와 비슷해서 그렇게 대답했겠지만 "이것은 바닷가 모랫바닥에 사는 날개망둑이라는 물고기란다."라고 대답해 주었더라면 더 좋았을 텐데, 하는 아쉬움이 남았다.

날개망둑은 민물에 사는 모래무지와는 전혀 다른 종류의 물고기이다. 물놀이에 여념이 없는 해수욕객들에게는 눈에 잘 띄지 않겠지만, 해수욕장 가장자리의 낮은 웅덩이 모랫바닥을 유심히 살펴보면 몸길이가 10센티미터를 넘지 않는 작은 물고기들이 바닥에 몸을 붙이고 있는 것을 볼 수 있다. 작은 웅덩이라고 하더라도 맨손으로 잡기는 쉽지 않은데, 뜰망과 같은 간단한 도구를 이용하면 쉽게 잡을 수 있다.

앞의 에피소드에서 본 것처럼 날개망둑은 해변의 모랫바닥에 서식한다. 몸 색깔이 모래와 같아서 쉽게 눈에 띄지 않고, 사람이 다가가면 재빨리 모래 속에 몸을 숨기기도 한다. 날개망둑은 몸과 지느러미의 색깔이 매우 아름다운 물고기이며, 1년생으로 8월 무렵에 조개껍데기 안에 알을 낳고 죽는다.

6 바다의 미꾸라지
미끈망둑

　망둑어과 물고기 중에 미끈망둑이라는 물고기가 있다. 생긴 모습을 보면 미꾸라지와 비슷하기 때문에 붙여진 이름이라는 것을 쉽게 알 수 있다. 언젠가 충청남도 보령의 무창포해수욕장에서 채집해 온 미끈망둑을 정리하고 있는데, 한 학생이 "교수님, 민물고기도 연구하세요?"라고 질문한 적이 있다.

　어류학을 전공하는 사람이 민물고기, 바닷물고기를 구분해서 연구하지는 않지만, 물고기의 종류가 많고 연구할 것도 많다 보니 자연스럽게 바닷물고기를 연구하는 학자와 민물고기를 연구하는 학자가 어느 정도 구분되어 있는 것이 사실이다. 어류학

미끈망둑(왼쪽)과 미꾸라지(오른쪽)

자들이 많은 일본이나 미국 또는 유럽에서는 연구 분야의 세분화가 뚜렷하여 한평생 상어만 연구하는 사람이 있는가 하면, 미꾸리과의 물고기 연구에만 일생을 바치는 사람도 있다. 우리나라에는 물고기를 연구하는 학자들이 적다 보니 외국처럼 한 분류군을 집중적으로 연구하기 어려운 것이 사실이지만, 실은 마음먹기에 달려 있다고 생각한다. 한 예로 전북대학교의 김익수 교수는 민물고기를 주로 연구하였고, 그 가운데서도 연구 활동의 대부분을 미꾸리과에 집중하여 이 분야의 세계적인 권위자로 인정받고 있다.

앞의 이야기로 돌아가자면, 그 학생이 보기에 주로 상어를 포함한 바닷물고기를 연구하던 내가 미꾸라지처럼 생긴 물고기를 다루는 모습이 조금은 의아했던 모양이다. 그러나 그 물고기는 민물고기인 미꾸라지가 아니고, 바닷가 자갈 아래에 사는 미끈망둑이었다.

25년 전 물고기에 흥미를 가지고 대학원에 들어가 채집을 다니던 때, 미끈망둑에 관련된 에피소드가 하나 있다. 모든 채집 활동을 대중교통에 의존해야 했기 때문에 채집을 갔을 때 가장 중요한 것은 원하는 물고기를 채집하는 것이고, 다음은 채집 경비와 시간을 절약하는 것이었다. 특히 먼 곳까지 채집을 갔는데 필요로 하는 물고기를 채집하지 못하고 돌아올 때의 실망감은 이루 말할 수 없었다. 1986년 여름, 제주도로 망둑어과 어류를 채집하러 가서 다수의 망둑어과 어류를 채집하였는데, 단지 제주도에 많이 분포하는 것으로 알려진 미끈망둑만 채집하지 못했다. 대부분의 망둑어과 어류의 서식처를 알고 있는 지금 같으면 그럴 리 없겠지만, 당시에는 미끈망둑이 어떤 장소에 서식하는지 알 수가 없었기 때문에 막연하게 바닷가의 웅덩이에서 채집을 시도할 수밖에 없었다. 성산포를 마지막으로 미끈망둑 잡는 것을 포기하고 제주도에서의 모든 일정을 마치려고 하는데, 초등학교 3~4학년 쯤 되어 보이는 어린이 몇이 미꾸라지를 잡는

다며 바닷가에서 놀고 있는 것을 우연히 보았다. '바닷가에서 무슨 미꾸라지를 잡는 것일까?' 라고 속으로 궁금해 하면서 돌을 들어 무엇인가를 잡아내는 어린이들을 바라보다가 병 속에 잡아 놓은 물고기를 보고 깜짝 놀랐다. 내가 찾던 미끈망둑이 10여 마리나 들어 있었기 때문이었다. 곧바로 아이들이 하는 것처럼 돌을 들춰내자 그 밑에 움츠리고 있는 미끈망둑을 어렵지 않게 발견할 수 있었다.

　서식처를 알고 있는 요즈음은 돌이 깔려 있는 해안의 어느 곳을 가더라도 쉽게 찾을 수 있는 것이 미끈망둑이지만, 이러한 사실을 몰랐던 시절에 이 물고기를 채집하는 것은 쉬운 일이 아니었다. 이처럼 지방에서 어린이나 어민들이 사용하는 물고기의 이름을 알아 두는 것은 연구 활동에 큰 도움이 된다. 이후 지역마다 달리 부르는 물고기의 이름을 알아내어 쉽게 채집했던 경우가 자주 있었음은 물론이다.

7 음식으로 이용되는 망둑어

망둑어는 크기가 작은 종류가 많고, 한꺼번에 어획되는 경우도 적어서 식용하는 데 한계가 있다. 또 극히 드문 예이지만 열대 지역에 서식하는 일부 망둑어는 복어에서 볼 수 있는 테트로도톡신^{tetrodotoxin}이라는 독을 가지고 있어 잘못 먹으면 매우 위험하다. 반면 미식가들의 입맛을 돋우는 망둑어도 있는데, 그 대표적인 것이 풀망둑과 짱뚱어이다.

풀망둑은 우리나라 서해안과 남해안의 연안과 하천의 하구에 분포하고, 짱뚱어는 서해와 남해의 간석지에 분포한다. 풀망둑은 가을철 강 하구와 연안의 낚시어로 인기가 높은데, 육지와

우리나라 짱뚱어의 최대 서식처 순천만 갯벌

인접하여 오염되기 쉬운 연안에서 부화되어 자라지만 비린내가 적어서 담백하고 맛이 좋은 흰살 생선이다. 알을 많이 낳고 생존력이 강하므로 오랫동안 가을철 낚시꾼들의 사랑을 받고 있다. 너무 흔한 탓으로 귀한 물고기 대접을 받는 편은 아니지만, 의외로 맛이 좋은 물고기이다. 짱뚱어는 전라남도 순천과 보성, 벌교 지역에서 토속 음식인 짱뚱어탕으로 잘 알려져 있다. 비린내가

갯벌의 짱뚱어

적고 맛이 담백하며 고소한데다가 영양가도 많아 탕, 전골, 구이 등 다양하게 이용되며, 특히 여름철 보양식으로 인기가 높다. 망둑어는 죽으면 맛이 급격히 떨어지기 때문에 살아 있는 상태에서 조리하거나 회로 이용된다.

전라남도 순천과 보성을 지나는 사람들이 일부러 짱뚱어탕 요리를 찾는 경우가 흔한 것을 보면 짱뚱어는 풀망둑에 비해 대접을 받는 편이다. 짱뚱어는 망둑어과 어류 가운데서도 고서에 자주 등장하는데, 『자산어보』에는 '철목어'로 소개되었고 『전어지』에는 '탄도어'라는 한자 이름과 함께 우리말 '짱뚜이'로도 기록되었다. 이는 많은 망둑어과 어류 가운데서도 식용으로 이용되었던 짱뚱어가 예로부터 사람과 친숙한 관계에 있던 물고기였음을 의미한다. 짱뚱어는 1만 개 이상의 비교적 많은 알을 1미터 정도의 땅속 깊은 굴에 낳기 때문에 환경만 잘 보존되면 갯벌이 많은 우리나라의 서해와 남해에 많은 개체들이 서식할 수 있는 종이다.

짱뚱어탕(전남 순천)

그러나 최근 각종 개발에 따른 간석지의 환경 변화로 우리나라 연안에서 짱뚱어의 분포지가 지속적으로 감소하고 있다. 1980년대에는 충남과 전북 연안의 갯벌에서 짱뚱어를 보는 것이 그리 어려운 일이 아니었으나, 1990년대 이후 충청남도 간석지에서 짱뚱어의 모습은 찾아볼 수 없게 되었고, 지금은 전라북도 간석지에서도 그 서식 범위가 갈수록 줄어들고 있다. 이러한 추세라면 아직까지 많은 짱뚱어들이 서식하여 짱뚱어탕의 고장으로 잘 알려진 전라남도 순천만 일대의 간석지에서도 이들의 모습이 사라질 날이 멀지 않은 것으로 보인다.

8
우리나라에서 발견된 신종 망둑어들

　지구 상에는 수많은 종의 생물이 서식하고 있다. 과거에 살다가 멸종되어 사라진 종까지 포함하면 그 수가 무려 5억 종에 달할 것이라는 견해도 있다. 그러나 아직도 세상에 그 모습을 드러내지 않은 생물 종도 많이 있으며, 각 분야의 분류학자들은 꾸준히 이러한 종을 발견하여 학계에 보고하고 있다. 이처럼 새로이 밝혀져 세상에 그 이름을 알리게 되는 종을 '신종'이라고 한다. 물론 물고기도 세계적으로 매년 신종이 추가되고, 우리나라에서도 필자를 비롯한 많은 어류분류학자들이 신종 물고기를 찾는 연구를 계속하고 있다. 지금까지 우리나라 해안과 민물 수계

ⓒ 김병기

점줄망둑(왼쪽)과 큰볏말뚝망둥어(오른쪽)

에 서식하고 있는 것으로 밝혀진 물고기는 약 1300여 종이며, 이 가운데 한국에서 처음 밝혀져 신종으로 보고된 망둑어는 큰볏말뚝망둥어와 점줄망둑 2종이다.

큰볏말뚝망둥어는 전주교육대학교의 이용주 박사와 군산대학교 유봉석 박사, 그리고 필자 등 3명이 1996년에 신종으로 발표하였다. 이 물고기는 말뚝망둥어와 형태적으로 비슷하지만 등지느러미가 말뚝망둥어보다 크고 지느러미 가장자리의 검은 줄무늬가 뚜렷하다는 점이 다르다.

점줄망둑은 전주교육대학교의 이용주 박사가 신종으로 발표하였다. 이 종은 기존 줄망둑보다 등지느러미 앞의 비늘 수가 적고, 살아 있을 때 뺨과 몸에 선명한 코발트색 무늬가 나타나는 줄망둑에 비해 이 무늬가 없다는 점에서 서로 구분된다.

큰볏말뚝망둥어와 점줄망둑은 우리나라에서 신종으로 보고된 이후 현재까지 다른 나라에서 보고된 적이 없기 때문에 한반도 연안에만 서식하는 우리나라 고유종이다. 즉 전 세계에서 우리나라에만 서식하는 우리의 고유한 자원인 것이다. 서식처가 격리된 민물고기의 경우 그 지역에만 서식하는 고유종이 많지만, 지리적 장벽 없이 자유롭게 헤엄쳐 이동할 수 있는 바닷물고기의 경우 한 국가에만 서식하는 고유종은 민물고기에 비해 많지 않은 편이다. 그럼에도 최근에 새로 발견된 망둑어과 어류 2종이 우리나라 연안에만 서식하는 한국 고유종인 것은 다른 어류에 비해 헤엄치는 능력과 이동성이 떨어지는 망둑어의 특성 때문이다. 따라서 앞으로 우리나라에서 발견되는 신종 물고기는 얕은 곳에서 생활하는 망둑어과 어류를 비롯해 둑중개과 어류와 베도라치류에서 나올 가능성이 크다.

9 사라지는 망둑어의 고향

바다와 하천을 통틀어 망둑어가 가장 많이 서식하는 곳은 연안의 조간대에 발달한 간석지이다. 간석지는 밀물과 썰물에 의해 바닷물에 잠기고 햇볕에 드러나는 일이 매일 반복되는 곳이다. 주로 바닷물의 영향을 받지만 장마가 질 때는 담수의 영향을 받기 때문에 염분 농도의 변화가 심하고, 물에 잠겼을 때와 햇볕에 드러났을 때의 온도 변화도 심하다. 또 육지에서 흘러온 민물이 바다로 흘러가는 과정에서 과잉의 영양 염류와 오염 물질을 흡수하는 여과 작용을 함으로써 물고기를 비롯한 해양 생물의 산란과 부화에 영향을 미치는 퇴적물을 감소시키는 역할을 한다. 이처럼

다양한 생명체가 살아가는 갯벌

물리, 화학적인 변화가 심하기 때문에 이러한 환경에 잘 적응한 생물들만이 살아갈 수 있는 곳이 간석지이다. 게다가 사람의 접근이 쉽기 때문에 바다 환경 중 가장 많이 연구되고, 흥미를 제공해 주는 장소이기도 하다. 최근에는 갯벌로 이루어진 간석지가 전체 해양 생물의 다양성을 높이는 데 가장 중요한 역할을 담당한다는 사실이 과학적으로 입증된 바 있다.

그러나 전체 지구 면적에 비해 간석지의 면적은 너무 좁고 지역에 따라서도 많은 차이가 있다. 조수 간만의 차가 심한 곳일수록 넓은 간석지가 발달하는데, 우리나라 서해안의 갯벌은 그 면적이 캐나다 동부 해안, 미국 동부 해안과 북해 연안, 아마존 강 유역과 함께 세계 5대 갯벌로 손꼽히는 곳이다. 그만큼 갯벌에는 다양한 생물들이 살고 있는데, 특히 많은 망둑어들이 살고 있다. 예를 들어 전라북도 새만금 해역에 서식하는 망둑어의 종수는 풀망둑을 비롯하여 15종에 이른다.

망둑어는 대부분 1~2년생의 소형 물고기로 높은 밀도로 간석지에 서식하는데, 그 지역 해양 생물의 먹이 사슬에서 중요한 중간 소비자 역할을 담당하고 있다. 모랫바닥의 조수웅덩이에 주로 사는 날개망둑과 흰발망둑은 동물플랑크톤을 먹으며 자라고, 이들 자신은 농어와 조피볼락의 주요 먹이가 되고 있다. 또 봄철에 산란을 마친 후 죽은 수많은 풀망둑의 사체는 유기물로 축적되어 게와 갯지렁이, 민챙이 등 무척추동물의 먹이가 된다. 이 무척추동물은 다시 이 해역 주요 어종인 조피볼락과 넙치, 풀망둑의 먹이로 이어지며 먹이 사슬을 형성한다.

그러나 새만금 해역만 해도 방조제 공사가 시작된 이후 많은 종류의 물고기들이 자취를 감추었다. 망둑어과 물고기들도 예외

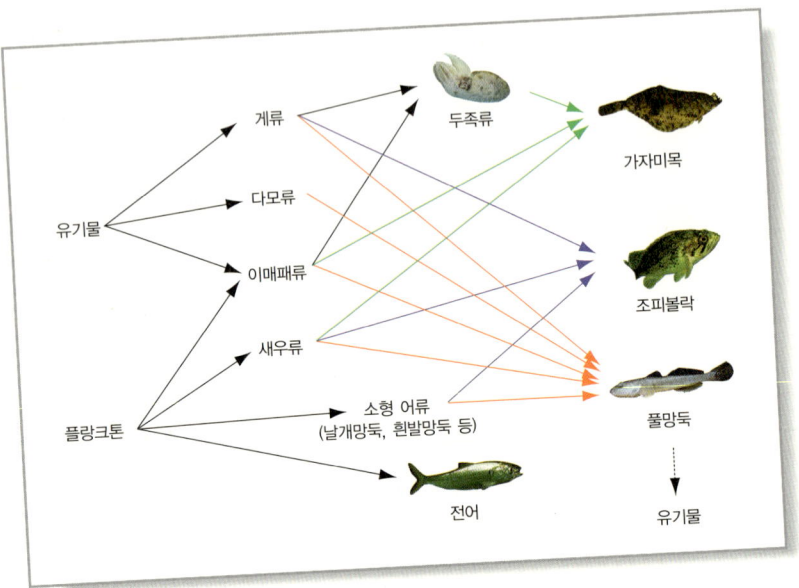

↪ 새만금 해역 생물의 먹이 사슬 모식도

는 아니어서 짱뚱어를 비롯하여 숨이망둑, 아작망둑, 황줄망둑 등이 새만금에서 이미 자취를 감추었거나 차츰 개체 수가 감소하고 있다. 망둑어들이 간석지에서 하나둘 떠나고 있는 것이다. 이 물고기들이 우리 주변에서 사라진다는 것은 언젠가는 이 땅 위에 인간만 남는 날이 올 수도 있다는 경고이다. 그렇게 되면 인간도 결코 살아남을 수 없다. 자연은 있는 그대로가 자연이다.

물론 인간이 누리고자 하는 좀 더 좋은 조건을 충족하기 위해 개발이 필요할 때가 있고, 이러한 개발이 우리에게 풍요로운 생활을 가져다주기도 한다. 그러나 환경을 고려하지 않는 무분별한 개발은 궁극적으로 득보다 실이 많다는 사실을 이미 경험하고 있다. 오늘날 재앙에 가까운 자연재해는 결국 개발이라는 명목 아래 인간 스스로가 초래한 것이기 때문이다.

간석지의 갯벌이 가져다주는 가치는 우리가 생각하는 것보다 훨씬 많고 다양하다. 수산 자원의 80~90퍼센트가 직간접적으로 간석지를 비롯한 연안에 의존하고 있다. 또 물고기와 게, 새우 등 많은 수산 생물이 하구역이나 연안에서 알을 낳고 자라며, 이곳에서 살아가는 무척추동물 등은 해양 생물의 먹이 사슬에서 중요한 역할을 하고 있다. 경제적 가치 외에도 자연 탐구를 위한 교육 장소로서의 기능과 정화 기능을 비롯한 생태적 역할은 간과해서는 안 되는 간석지의 중요한 역할이다. 연안에서 이루어지는 어떤 개발도 생태계에 미치는 영향을 최소화하는 범위에서 신중하게 이루어져야 하는 까닭이 여기에 있다.

다음의 두 사진은 각각 1996년과 2011년에 새만금 지역을 촬영한 것이다. 1996년 새만금 방조제 물막이 공사 이전의 군산 연안 내초도 조간대는 밀물과 썰물의 영향권에 있어 많은 무척

1996년　　　　　　　　　　　　　2011년

↳ 사라져가는 새만금의 갯벌

추동물이 서식하고, 어린이들의 조간대 자연 환경 체험장으로 출입이 자유로운 곳이었다. 그러나 2005년 방조제 공사가 완료되면서 밀물과 썰물의 영향이 약해져 펄이 깊게 퇴적되었으며, 사람의 출입도 어려워졌다. 시간이 흐를수록 갯벌은 딱딱하게 굳은 흙으로 바뀌고, 망둑어류를 비롯한 생물들이 사라졌다.

　2011년, 내초도 조간대는 갈대와 염생식물로 덮여 버렸고, 오른쪽으로는 여전히 매립이 진행되고 있다.

10 서귀포 바다에 나타난 낯선 망둑어

연안에서 이루어지는 각종 개발과 인위적인 환경 변화로 인해 우리 곁에서 사라지는 망둑어들이 있는가 하면, 반대로 아름다운 망둑어가 처음 모습을 드러내는 경우도 있다. 최근 제주도 서귀포 바닷속에 처음 모습을 드러낸 망둑어는 몸에 5개의 황갈색 줄무늬가 있다. 학명이 '*Amblyeleostris japonica*' 인 이 망둑어는 딱총새우와 공생을 하는 것으로 알려져 있으며, 일본의 가고시마 이남 해역과 인도네시아, 오스트레일리아 등 서태평양의 열대 및 아열대 해역에 사는 아름다운 망둑어이다. 최근에는 일본의 쓰시마 해역에도 분포하는 것으로 알려져 있다.

딱총새우는 항상 이 망둑어 주변에 살며, 부지런히 굴을 파서 망둑어에게 안식처를 제공한다. 시력이 약해 더듬이에 의존해야 하는 딱총새우는 굴 밖으로 나오면 포식자의 공격에 노출되기 쉽기 때문에 망둑어가 보내는 신호에 따라 굴을 드나든다. 망둑어는 꼬리지느러미를 통해 굴 밖의 상황을 딱총새우의 더듬이에 전달한다. 꼬리지느러미를 좌우 또는 상하로 흔들어 위험과 안전의 신호를 새우에게 전달하는 것으로 알려져 있는데, 꼬리지느러미를 흔드는 횟수를 통해서 전달한다는 견해도 있다. 이처럼 망둑어는 새우를 적으로부터 안전하게 지켜 주고, 새우는 이에 보답하기 위해 쉬지 않고 굴을 파서 망둑어의 안식처를 만들어 줌으로써 서로 공생 관계를 유지한다.

이 망둑어 외에도 제주도와 한반도 주변 해역에는 일본 오키나와, 필리핀 등 따뜻한 바다에 한정되어 분포하던 물고기들이 자주 모습을 나타내고 있다. 자유롭게 헤엄쳐서 쉽게 이동할 수 있는 물고기들이 대부분인데, 지구 온난화로 바닷물의 온도가 올라가면서 차츰 북쪽으로 서식처를 확대하고 있는 것이다. 그런데 자유롭게 헤엄쳐 이동하는 물고기들과는 달리, 망둑어는 바다의 바닥이나 조간대의 조수웅덩이에 사는 정착성 물고기이기 때문에 먼 거리를 이동할 수 없다. 따라서 이런 망둑어과 물

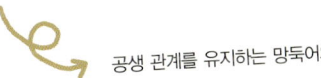
공생 관계를 유지하는 망둑어와 딱총새우

고기들이 우리나라 바다로 이동하여 서식처를 확보하기까지는 빠르게 헤엄칠 수 있는 다른 물고기들에 비해 오랜 시간을 필요로 했을 것이다.

이처럼 이동 속도가 느린 망둑어가 제주도 바다에서 발견되었다는 사실은 우리나라의 제주도 해역이 이미 아열대화되었다는 증거가 된다는 점에서 주목된다. 뿐만 아니라 한반도 주변 해역의 어류 분포가 지속적으로 변하고 있는 상황들이 수중 촬영 자료에 의해 확인되고 있다. 오래전 분포 지역이 제주도에 한정되어 있던 물고기들이 지금은 울릉도와 심지어 속초 부근의 동해 연안에서도 발견되고 있다.

남쪽 먼 바다에서 한반도 바다를 찾아온 망둑어의 경우도 지구 온난화에 따른 수온 상승에서 비롯된 것임을 생각할 때 바람직한 현상이 아닌 것은 분명하다. 이러한 열대성 물고기들이 우리 바다에 찾아들면, 차가운 바다에서 사는 물고기들은 좀 더 북쪽 바다로 떠나지 않으면 안 되기 때문이다. 최근 동해안에서 한류성 물고기인 명태의 자원량이 크게 감소한 것도 이와 같은 원인에서 비롯된 것으로 여겨진다. 우리 바다에 찾아드는 낯선 물고기들을 마냥 반길 수만은 없는 이유가 여기에 있다.

● 맺음말

째보 선창을 아시나요?

째보 선창.

30대 후반을 넘어선 군산 토박이라면 누구나 귀에 익은 단어일 것이다. 군산에서도 중동과 금암동 일대에서 1970년대 이전에 어린 시절을 보낸 사람이라면 금암동의 째보 선창으로부터 과거 화력 발전소가 있었던 경암동 수문까지 이어지는 갯벌과 우거진 갈대숲이 쉽게 머리에 떠오를 것이다.

이곳은 내가 어린 시절을 보낸 곳이기도 하다. 그 무렵 갈대숲에는 이름 모를 새들의 알이 있었고, 갯벌에는 기거나 뛰어다니는 물고기들과 수많은 게들, 다양한 조개들이 있었다. 어류학을 전공하고 어류의 분류와 생태를 연구하면서 그 당시 갯벌 위를 기어 다니던 물고기들이 망둑어과에 속하는 짱뚱어와 말뚝망둥어, 그리고 큰볏말뚝망둥어였다

지금은 째보 선창에서 사라진 짱뚱어와 큰볏말뚝망둥어

는 것을 알게 되었다.

점심을 거른 채 새알을 찾아다니거나 검은 고무신에 게와 짱뚱어를 잡아 담으면서 갈대숲을 헤치고 갯벌 위를 기어 다니던 어린 날들이 아직 기억에 생생하다. 지금은 많이 매립되어 주택가가 들어섰으며, 갈대밭은 물론 게나 짱뚱어의 모습도 자취를 감추었다. 단지 이곳보다 훨씬 하류인 소룡동 금강 하구에서 1980년대 초에 짱뚱어를 채집한 기록이 있을 뿐이다. 수많은 공장이 들어선 요즘은 소룡동 부근에서도 짱뚱어의 모습을 찾아볼 수 없다.

어류학자의 길로 들어선 1986년부터 나는 군산 연안의 어류 조사를 시작했고, 1995년 7월 군산시 어은동의 마을 앞 바닷가 웅덩이에서 몇 마리의 짱뚱어가 서식하는 것을 확인한 바 있다. 그곳의 짱뚱어들은 생활 하수와 공장 폐수로 인한 오염으로 대부분의 서식처를 잃어버리고 소수의 개체만이 힘겹게 살아가고 있었다. 최근에는 방조제 건설과 군장산업단지 조성 사업 등 대규모 공사로 인해 이들마저도 눈에 띄지 않는다. 이것이 과연 짱뚱어에만 국한된 것일까? 다양한 종류의 게들이 사라졌고, 과거에는 조사조차 되지 않았던 수많은 생물 종들이 감소하거나 사라졌을 것임이 분명하다. 환경에 대한 무관심과 무분별한 개발이 지속된다면 이러한 현상은 앞으로도 계속될 것이다. 과학 문명의 발달은 우리 인간에게 편리함을 가져다주기도 하지만, 파멸의 길로 이끌기도 한다.

오늘날 기후 온난화처럼 재앙에 가까운 많은 현상들은 인간 스스로가 만들어 온 것임을 부인할 수 없다. 눈앞의 이익을 위해 개발의 당위성을 주장하며 당장 눈에 보이지 않는다는 이유로 환경 문제를 도외시한다면 금강 하구에서 짱뚱어가 사라져 버렸듯 언젠가는 우리 인간이 이곳에서 살 수 없는 때가 올지도 모른다. 그런 일이 결코 벌어지지 않는다고 누가 장담할 수 있겠는가?

부록 01 비슷한 망둑어과 어류의 구분

■ 문절망둑과 풀망둑

❶ 문절망둑은 제2등지느러미 줄기 수가 13~14개이고, 풀망둑은 17개 이상이다.
❷ 문절망둑은 제2등지느러미와 꼬리지느러미에 검은 줄무늬가 있고, 풀망둑은 없다.
❸ 문절망둑은 대개 30센티미터까지 자라지만, 풀망둑은 최대 50센티미터까지 자란다.

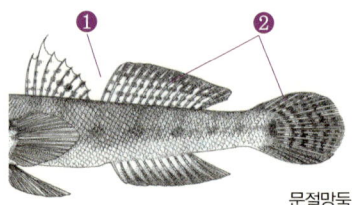
문절망둑

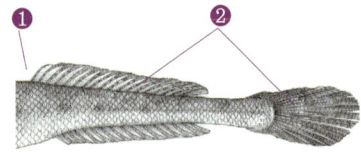
풀망둑

■ 말뚝망둥어와 큰볏말뚝망둥어

❶ 큰볏말뚝망둥어는 제1등지느러미가 말뚝망둥어에 비해 크다.
❷ 큰볏말뚝망둥어의 등지느러미 가장자리에 나타나는 검은 줄무늬는 말뚝망둥어에 비해 선명하다.

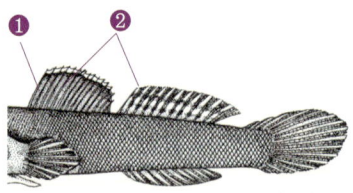
말뚝망둥어

큰볏말뚝망둥어

■**모치망둑과 제주모치망둑**

❶ 모치망둑은 꼬리자루에 2줄의 세로줄 무늬가 있으나, 제주모치망둑은 꼬리자루의 세로줄 무늬를 가로지르는 여러 개의 가로 무늬가 있다.

모치망둑

제주모치망둑

■**다섯동갈망둑과 일곱동갈망둑**

❶ 일곱동갈망둑은 머리와 뺨에 각각 1개씩 줄무늬가 있으나 다섯동갈망둑은 이 부분에 줄무늬가 없다.

❷ 일곱동갈망둑은 몸에서 꼬리지느러미 앞까지 7개의 줄무늬가 있고, 다섯동갈망둑은 5개의 줄무늬가 있다.

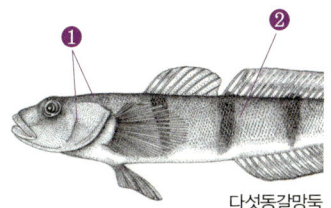

다섯동갈망둑

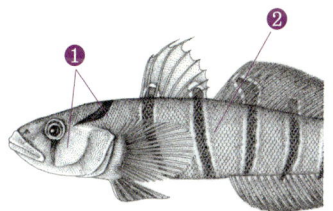

일곱동갈망둑

부록 155

■ **검정망둑과 민물검정망둑**

❶ 검정망둑은 뺨의 흰색 점무늬의 크기와 간격이 일정한 반면, 민물검정망둑은 흰 점무늬의 크기 및 간격이 불규칙하다.

❷ 검정망둑은 제1등지느러미 줄기의 길이가 민물검정망둑에 비해 길다.

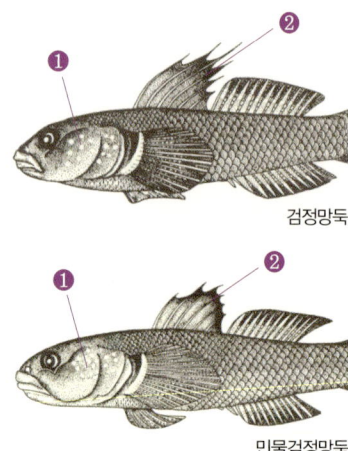

검정망둑

민물검정망둑

부록 02 한국산 망둑어과 어류 목록

1. 왜풀망둑
2. 문절망둑
3. 흰발망둑
4. 비늘흰발망둑
5. 점줄망둑
6. 줄망둑
7. 도화망둑
8. 수염문절
9. 숨이망둑
10. 무늬망둑
11. 짱뚱어
12. 점망둑
13. 별망둑
14. 쉬쉬망둑
15. 실망둑
16. 빨갱이
17. 댕기망둑
18. 풀비늘망둑
19. 두건망둑
20. 남방풀비늘망둑
21. 날개망둑
22. 날망둑
23. 살망둑
24. 왜꾹저구
25. 얼룩망둑
26. 꾹저구
27. 사자코망둑
28. 비단망둑
29. 사백어
30. 오셀망둑
31. 큰미끈망둑
32. 미끈망둑
33. 꼬마망둑
34. 왜미끈망둑
35. 모치망둑
36. 제주모치망둑
37. 큰볏말뚝망둥어
38. 말뚝망둥어
39. 흰동갈망둑
40. 애기망둑
41. 일곱동갈망둑
42. 금줄망둑
43. 다섯동갈망둑
44. 흰줄망둑
45. 밀어
46. 갈문망둑
47. 바닥문절
48. 남방짱뚱어
49. 열동갈문절
50. 풀망둑
51. 꽃개소갱
52. 개소갱
53. 아작망둑
54. 민물두줄망둑
55. 민물검정망둑
56. 황줄망둑
57. 검정망둑
58. 두줄망둑
59. 꼬마줄망둑

참고 문헌

김익수, 1997, 한국동식물도감 제37권 동물편(담수어류), 교육부, 629pp.

김익수 · 최윤 · 이충렬 · 이용주 · 김병직 · 김지현, 2006, 한국어류대도감, 교학사, 615pp.

박승조 · 장부규 · 이태영, 1997, 환경생태학, 지구문화사, 31pp.

정문기, 1977, 한국어도보, 일지사, 727pp.

유봉석, 1994, 한국산 말뚝망둥어아과 어류의 분류와 생태, 전북대학교 박사학위 논문, 134pp.

유진 오덤(이도원 · 박은진 · 김은숙 · 장현정 옮김), 2001, 생태학, 사이언스북스, 382pp.

이용주, 1990, 한국산 문절망둑속과 풀망둑속 어류의 분류학적 연구, 전북대학교 박사학위 논문, 138pp.

이완옥 · 노세윤, 2006, 특징으로 보는 한반도 민물고기, 지성사, 432pp.

정약전(정문기 옮김), 1977, 자산어보-흑산도의 물고기들, 지식산업사,

226pp.

최기철, 1988, 전북의 자연, 전라북도교육위원회, 386pp.

최기철, 1991, 민물고기를 찾아서, 한길사, 396pp.

최윤, 1988, 한국산 검정망둑속 어류의 분류학적 연구, 전북대학교 석사학위 논문, 26pp.

최윤, 1996, 금강하구 풀망둑의 생태, 한국수산학회지, 29권 1호, 115~123pp.

최윤·김종연·노용태, 1996, 한국산 날개망둑의 생태학적 연구, 한국생태학회지, 19권 3호, 217~222pp.

최윤·박종영·김지현, 2002, 한국의 바닷물고기, 교학사, 645pp.

최윤·임환철·라혜강·양재삼·최강원, 2005, 새만금 해역 조수웅덩이의 어류, 한국어류학회지, 17권 2호, 142~147pp.

최윤·장준호, 2007, 서해 태안연안국립공원 조간대의 어류상, 한국환경생물학회지, 25권 4호, 297~302pp.

홍재상, 1998, 한국의 갯벌, 대원사, 143pp.

James W. Nybakken, 1982, Marine Biology, Harper & Row, New York, 446pp.

Raffelli D. and Hawkins S, 1996, Intertidal Ecology, Chapman & Hall, New York, 355pp.

망둑어
연안 생태계의 토박이 물고기

2011년 12월 30일 초판 1쇄 발행
글과 사진 최윤

펴낸이 이원중 책임편집 김찬 디자인 정애경
펴낸곳 지성사 출판등록일 1993년 12월 9일 등록번호 제10 - 916호
주소 (121 - 829) 서울시 마포구 상수동 337 - 4 전화 (02) 335 - 5494~5 팩스 (02) 335 - 5496
홈페이지 www.jisungsa.co.kr 지성사.한국
블로그 blog.naver.com / jisungsabook 이메일 jisungsa@hanmail.net
주간 김명희 편집팀 김찬 디자인팀 정애경

ⓒ 최윤 2011
ISBN 978 - 89 - 7889 - 249 - 0 (03490)

잘못된 책은 바꾸어드립니다. 책값은 뒤표지에 있습니다.

이 도서의 국립중앙도서관 출판시도서목록(CIP)은 e-CIP 홈페이지(http://www.nl.go.kr/ecip)에서 이용하실 수 있습니다. (CIP제어번호: CIP2012000269)